アンテナの仕組み

なぜ地デジは魚の骨形でBSは皿形なのか

小暮裕明
小暮芳江

ブルーバックス

●カバー装幀／芦澤泰偉・児崎雅淑
●本文・もくじ構成／工房 山﨑
●本文図版／工房 山﨑・さくら工芸社

はじめに

電波は現代社会に欠かせないものになっています。今や新幹線に乗っていてもインターネットにつながり、飛行中の航空機からでもアクセスできるようになっています。しかし電波は見えないので、まるで空気のような存在になってしまったようです。

たとえば二〇一一年七月の地上デジタルテレビ放送への移行（地デジ化）は、電波を意識するよい機会でした。しかし移行できてしまうと、それきり電波のことは忘れ去られています。また携帯電話（ケータイ）やスマートフォン（スマホ）が普及していますが、どこにいても通話できることを可能にしている電波の働きに、いまさら感動する人は少ないでしょう。

ところで、今日、私たちが「見えない」電波をこれほどまでに使いこなすことができているのは、そこかしこにあるアンテナのおかげです。アンテナの多くは、想像するしかない電波と違って「見る」ことができます。

そこで改めて屋根を見上げると、地デジのアンテナは魚の骨形ですがBS放送はパラボラ・アンテナ、つまり皿形のアンテナで受信しています。じつはアンテナの形には魚の骨形や皿形の他にも棒形、籠形、線形、板形、ラッパ形……とさまざまあります。それぞれの形には、もちろん理由があって、送・受信する電波の性質や強さ、そして用途に合わせたものです。

またケータイやスマホでも、その中継アンテナは基地局とビル内などでは異なります。そもそもケータイやスマホ本体には、現在、アンテナは内蔵されてしまい見あたりません。では、どのようなアンテナで送・受信しているのでしょうか？　さらに、それぞれアンテナのどの部分で、どのように送・受信しているのでしょうか？

こうして改めて考えてみると、アンテナはじつに不思議です。

小学生時代の筆者（小暮裕明）は、ゲルマニウムラジオを組み立てたりする「ラジオ少年」でした。中学校の理科クラブでは、アマチュア無線（ハム）の楽しさを知り、さらに長じては海外の短波放送を受信することに夢中になりました。手作りのアンテナを立て、近所にいぶかられたこともありました。長い竹竿を適当に切り、電線を張っただけのアンテナでしたが、それでも夜中にアフリカのめずらしい放送局から届くかすかな信号がキャッチできることもありました。

ところがそんなあるとき「なぜ電線は空間を移動する電波をキャッチできるのだろう？」という大疑問がわき、以後、何年も悩み続けることになります。

さらにアマチュア無線の国家試験に合格して、自らも電波を発信しはじめると、もう一つの疑問を抱くようになりました。それは、アンテナ線の長さをきちんと調整する必要があるということです。きちんと調整したアンテナで受信すると、適当な長さで作ったアンテナに比べて、ずっとよく受信できるのです。それはなぜなのか？

さあ、これはアンテナをちゃんと勉強しなければならないぞと、それからは専門書を読みあさる日々が今も続いています。

そこで気づいたことがあります。アンテナの解説書は「やさしい」と謳う本でも、アマチュア無線の愛好家など、ある程度まで電磁気学を学んだ人を対象に書かれています。これでは一般の人には理解しにくいでしょう。そこで一般の方にもアンテナの不思議を知っていただきたいと願って書いたのが本書です。

電波（電磁波）の存在が実証されて約一二五年、無線通信が実用化されて一一五年あまり、その間の電波技術の発展には目を見張るものがあります。電波を応用した、思いもかけなかった仕組みが、今も次々に生まれています。さらにこの先、電波技術がいったいどこまで進化するのか、筆者には予想もつきません。

しかしアンテナの仕組みに限っては、じつは発明されてから今日まで、ほとんど変わっていないのです。ですからアンテナの原理を知れば、アンテナの仕組みは自ずとわかっていただけるでしょう。「アンテナは、どうやって電波を出したり受け取ったりしているのかな？」と思われた方が、本書を読んで幾分なりとも理解していただければ幸いです。

二〇一四年六月　　小暮裕明／小暮芳江

アンテナの仕組み――もくじ

はじめに *3*

第1章　身近なアンテナ　*13*

1-1　目にするアンテナ　*14*

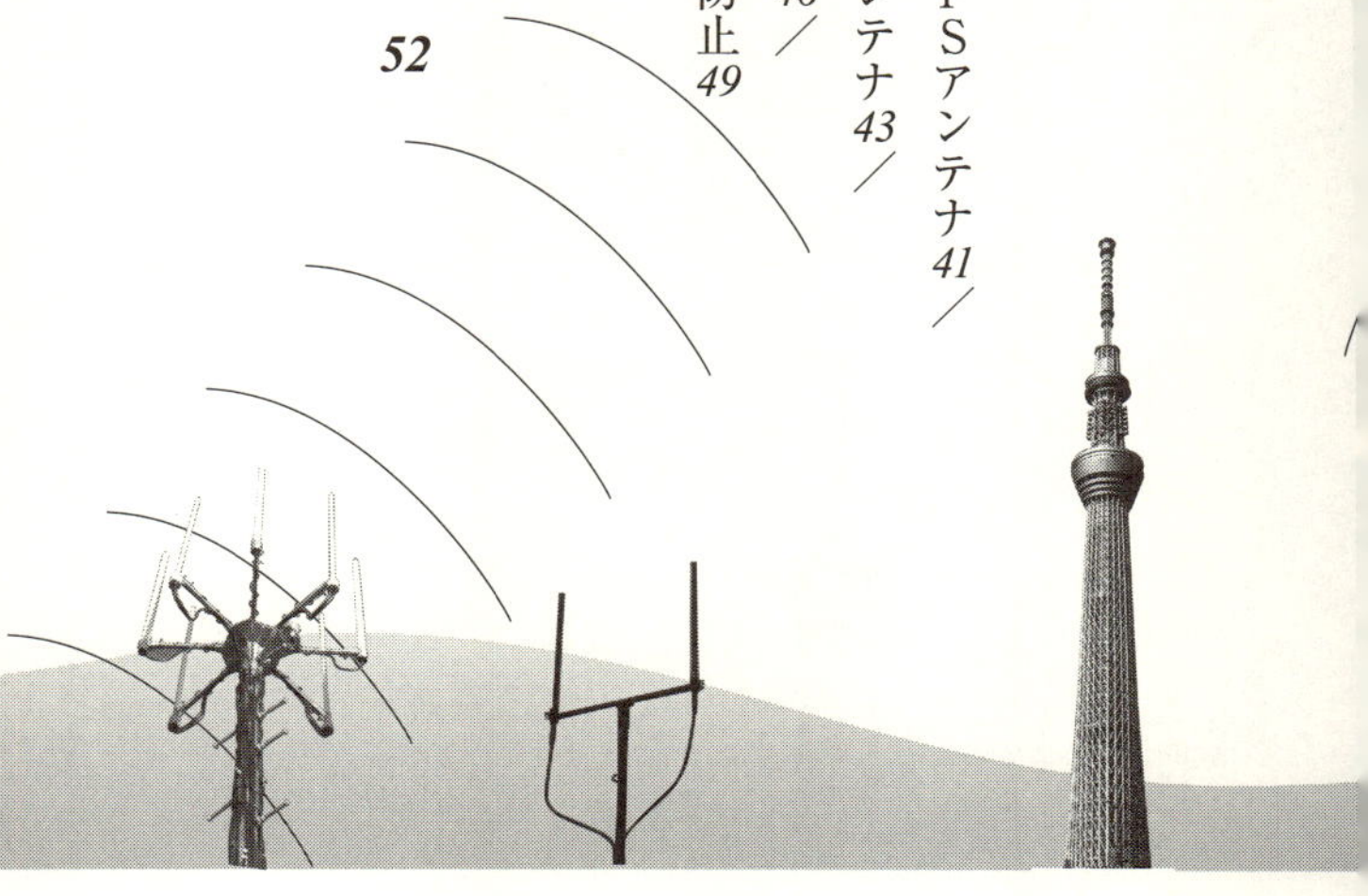

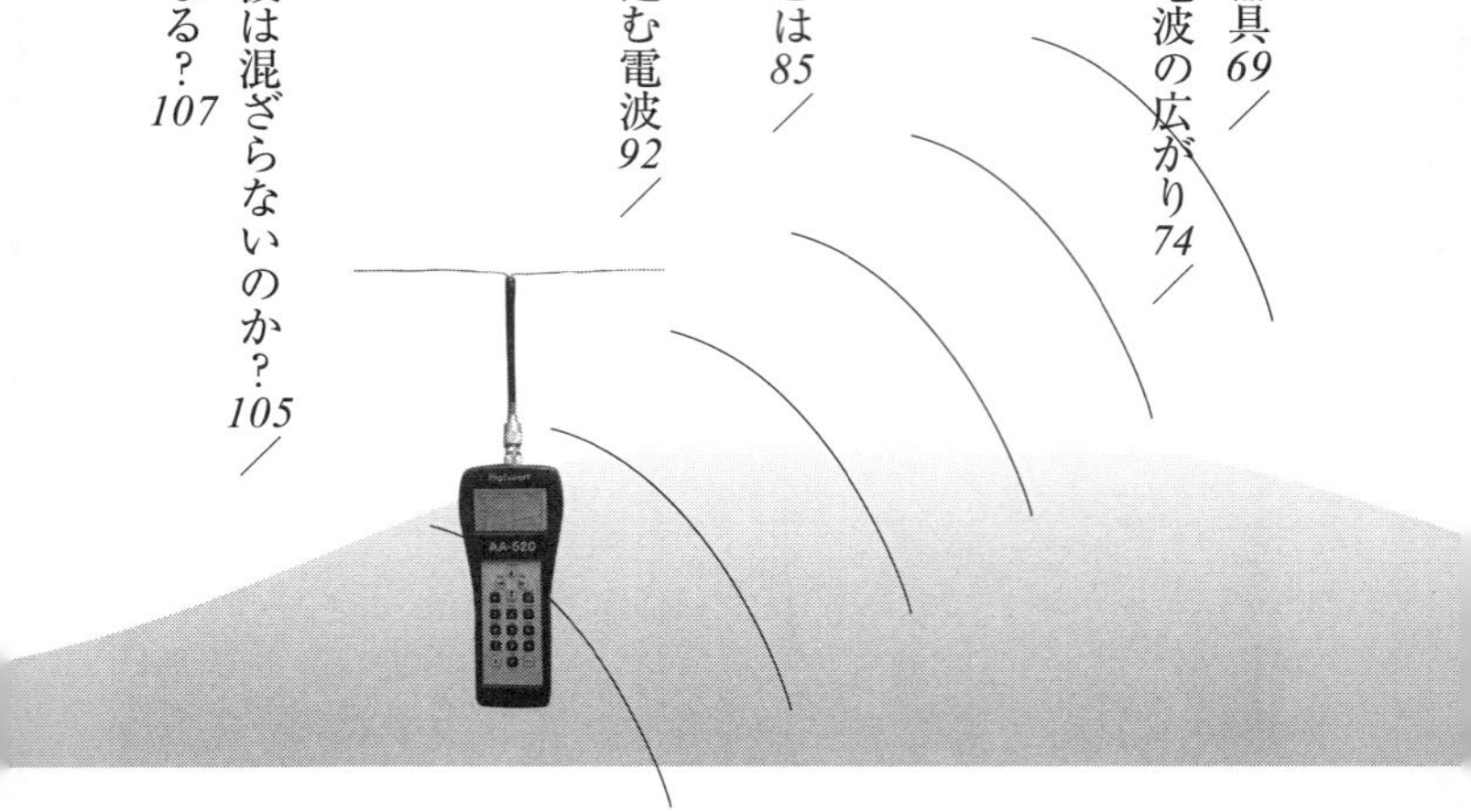

第3章　手作りアンテナで探るアンテナの原理　109

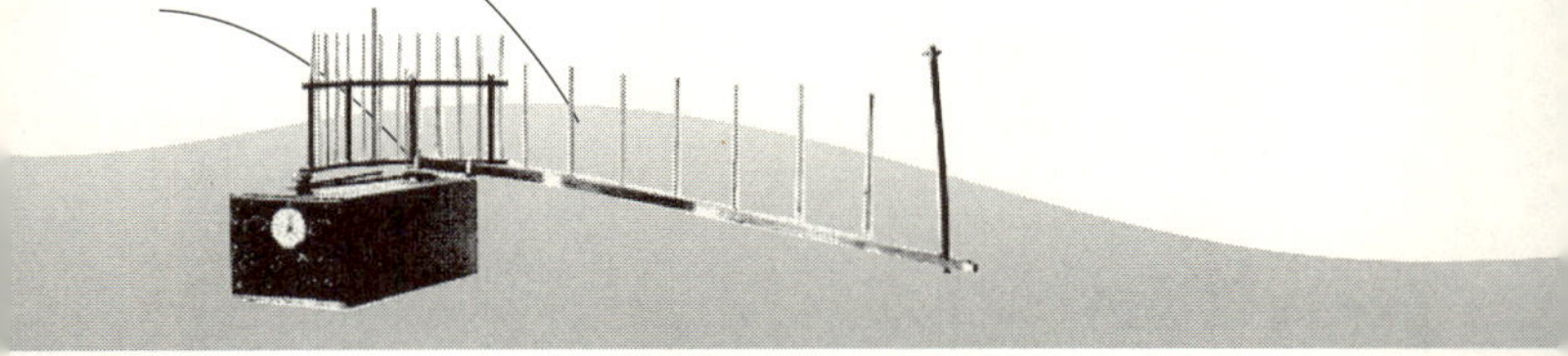

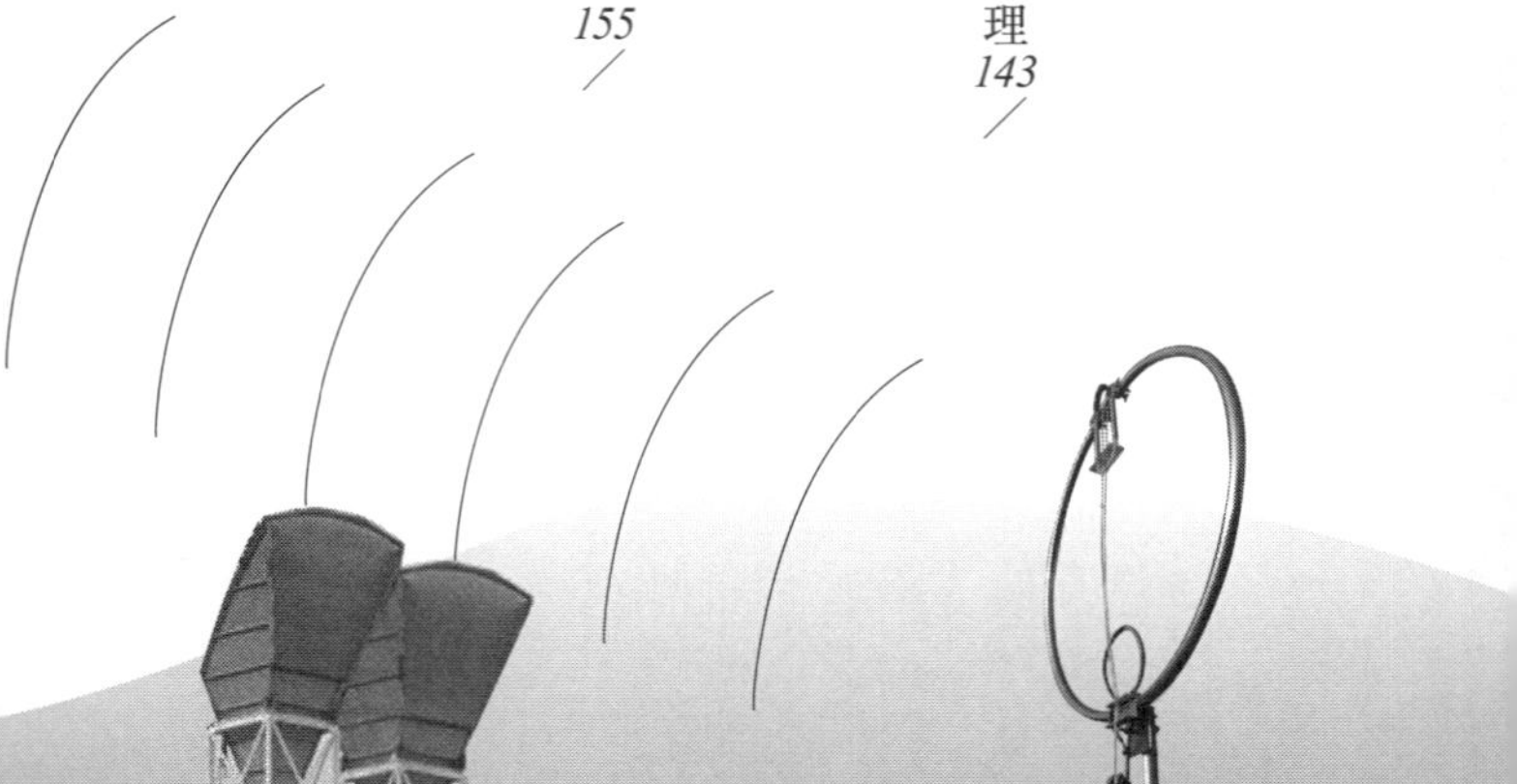

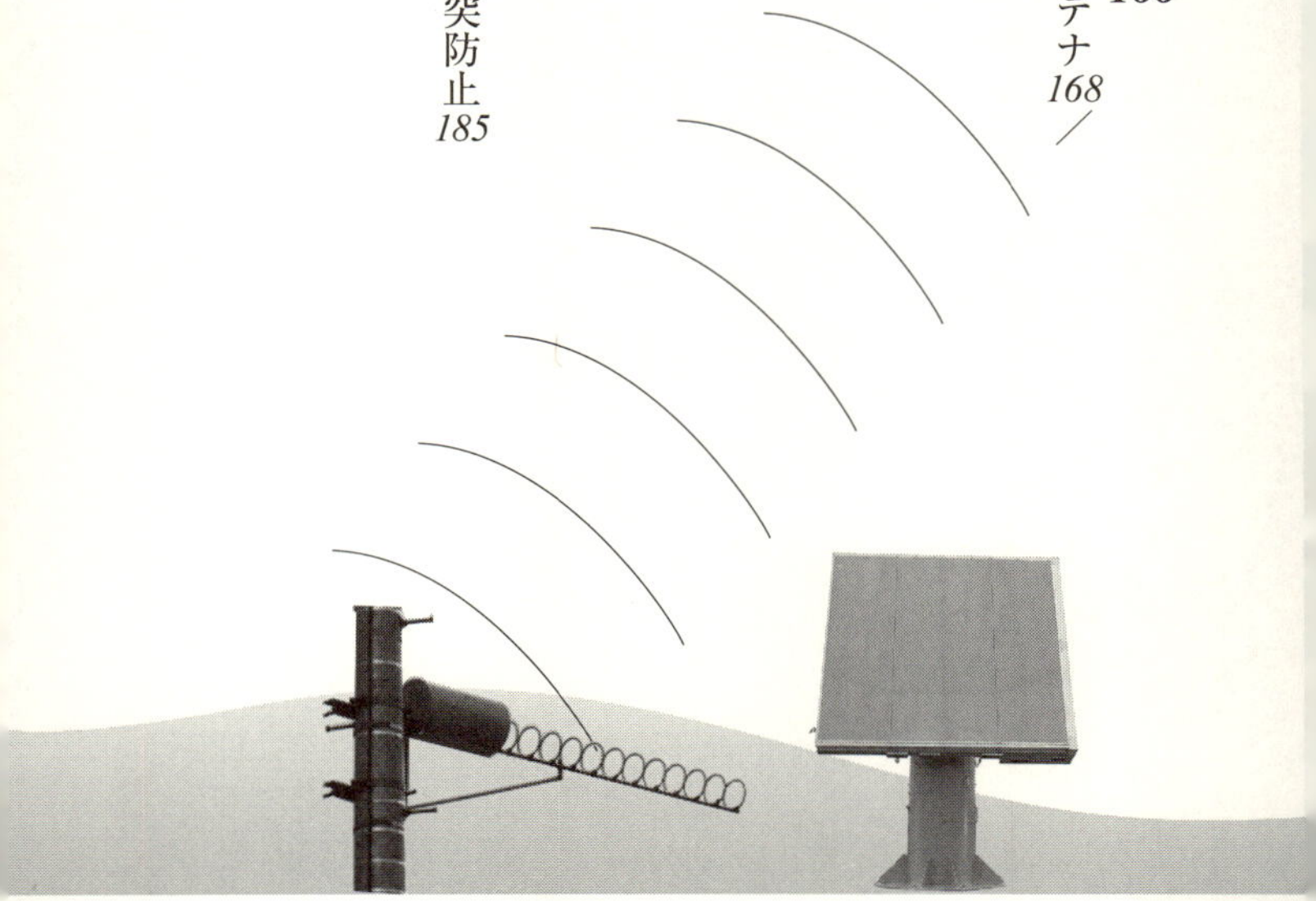

第1章 身近なアンテナ

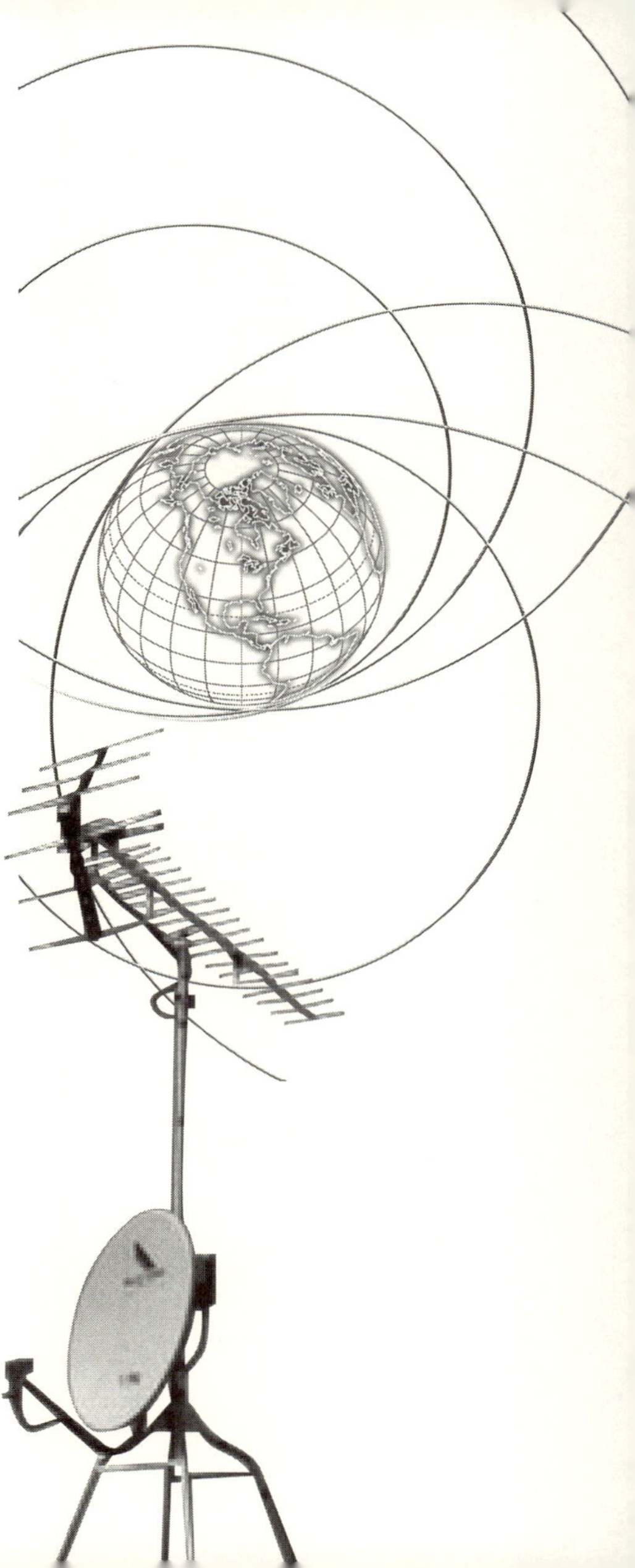

1-1 目にするアンテナ

アンテナは昆虫の触角

電波が使われるようになった当初、アンテナ（antenna）は大部分が空中に張られた導線だったため、英語ではエアリアル（aerial：空中線）とよばれていました。

空中線をいつ誰がアンテナと言い換えたのかは定かではありませんが、ウエッブ上では、無線通信の先駆者であるイタリア人のマルコーニだという説もあります。マルコーニは一八九五年に、スイスのモンブラン地方にあるサルバンで、二・五メートルのポールに導線を吊るす形の空中線で電波の送・受信実験をおこないました。このときマルコーニは空中線を、意図的にアンテナとよんだというのです。ただし今でも空中線とかエアリアルとかいうことがあります。

もともとアンテナとは昆虫の「触角」のことで、空中の気流、熱、音あるいは匂いなどを感知する感覚器です。今日のアンテナは、一般的に細い金属棒で、それが空間の微弱な電波を捉えるものですから、まさに「触角」といえるでしょう。

そこで、身の回りでどんなアンテナがあるのか探してみましょう。ただし身の回りにあるといってても、すぐ目にするアンテナだけでなく、あってもなかなか気づかないアンテナ、そして隠されたアンテナ（内蔵アンテナ）もあるので、まずはよく見かけるアンテナから紹介します。なお、それぞれの詳しい仕組みなどは、第2章以降で改めてお話しします。

テレビの受信アンテナ

いちばん身近なアンテナはテレビの受信アンテナでしょう。よく見かける屋根の上に取り付けるタイプは、たいてい魚の骨のような構造のものとお皿形のものがセットになっています（写真1-1）。

上：地デジ用 YAGI アンテナ
下：BS／CS 用パラボラ・アンテナ

写真 1-1　テレビ受信用アンテナ

魚の骨のような形のアンテナは、一般に「YAGI（ヤギ）アンテナ」とよばれています。大正時代に東北帝国大学（現・東北大学）工学部電気工学科教授の八木秀次と講師の宇田新太郎が発明した「八木・宇田アンテナ」がルーツだからです（132ページ参照）。

骨のような細い棒はアルミニウム製で、

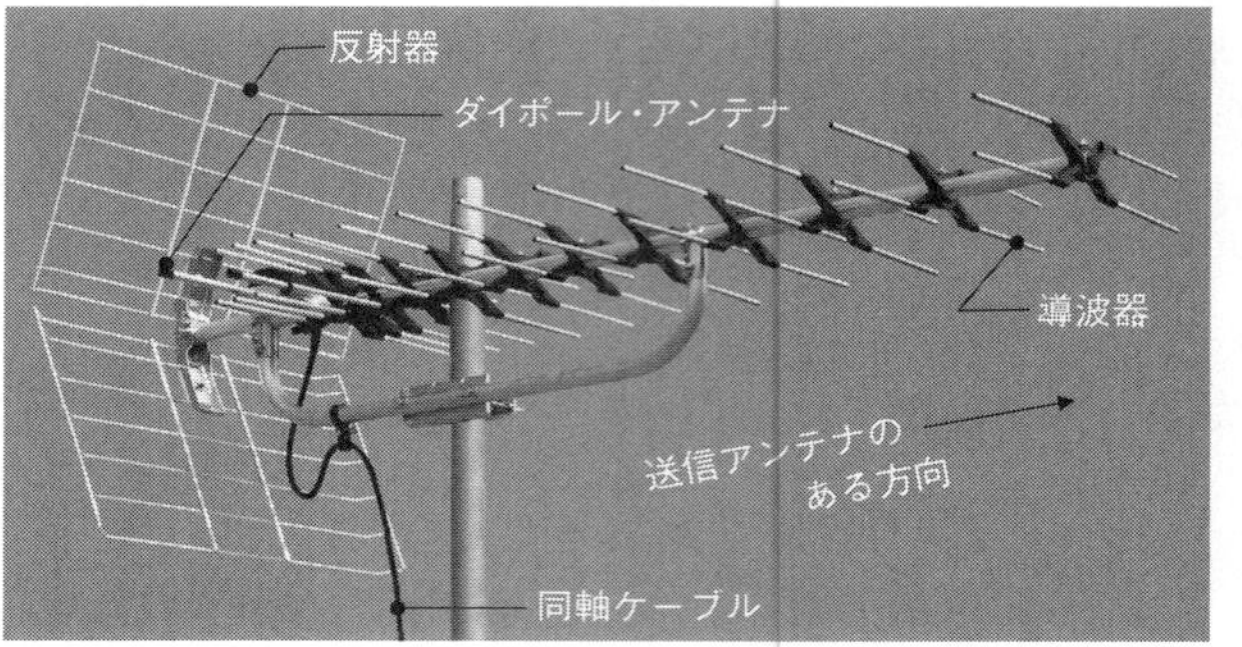

図 1-1　YAGI アンテナの仕組み

エレメントあるいは素子といいます。後端にある上下に数本並んだエレメントは反射器で、前方から来る電波をより強力に受信する仕組みです（図1-1）。

またアンテナ後方の一本のエレメントが他より少し長くなっていて、そこにだけつながっている黒い線は同軸ケーブルです。エレメントに、空間を伝わる電波が乗ることによって電流が流れ、その電流をこのケーブルがテレビに送り届けています。

この同軸ケーブルにつながった少し長いエレメントはダイポール・アンテナ（141ページ参照）で放射器または輻射器《ふくしゃき》とよばれています。そして放射器よりも前方にあるエレメントは導波器といって、これら全体でもっとも性能がよくなるように調整されているのです（147ページ参照）。

受信アンテナは、送信しているアンテナへ向ける必要があります。たとえば関東地方の地デジ電波の送信アンテナは、二〇一三年五月に、それまでの東京タワー（東京都港区）から東京スカイツリー（東京都墨田区）に切り替わりました。このため住まう地域によって、それまでの向きのままでよかった家から、正反対の方向に変える必要がある家までさまざまありました。

また電波塔から遠くて受信電波が弱い地域では、より確実に電波を捉えるため、エレメントの本数の多いアンテナが使われています。

パラボラ・アンテナの微妙なカーブ

ご承知のようにテレビ放送には地デジの他にＢＳとＣＳがあります。地デジは前述のＹＡＧＩアンテナで受信しますが、ＢＳとＣＳは、まったく形が違う皿形のアンテナ（パラボラ・アンテナ）で受信しています。なぜでしょうか？

ＢＳとＣＳの電波は放送衛星（ＢＳ：Broadcasting Satellite）や通信衛星（ＣＳ：Communications Satellite）から送信されています。その人工衛星は、赤道上空約三万六〇〇〇キロメートルの軌道上を地球の自転と同じ方向と速度で回っています。つまり地上からはほぼ同じ位置に止まっているように見えるので、静止衛星とよばれています。

放送衛星や通信衛星は、はるか上空の宇宙空間にあるので、そこから送信される電波は日本全国をカバーできます。また受信アンテナから衛星を見上げる角度（仰角）が北海道で約三〇度、

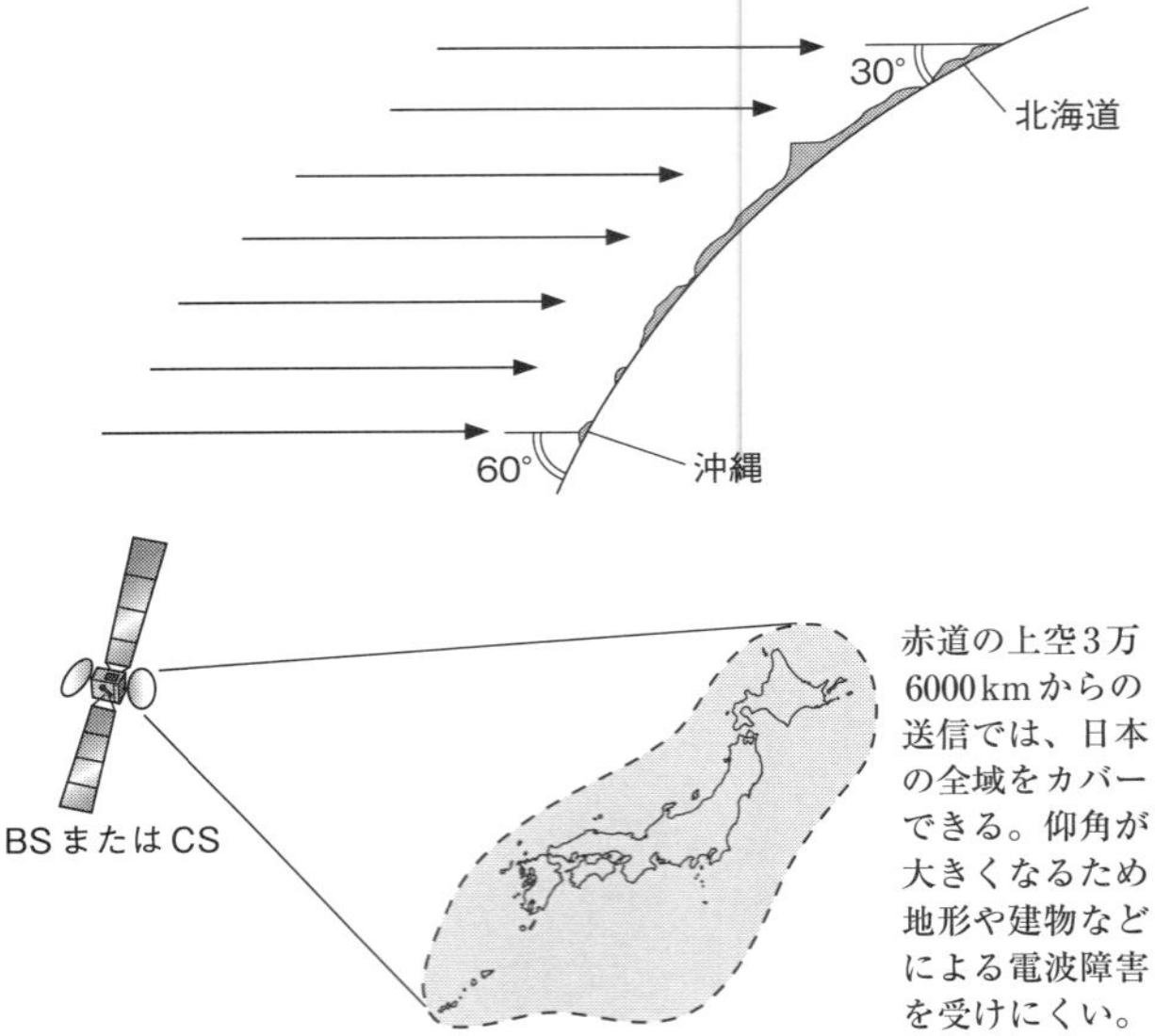
30°
北海道
60°
沖縄
BSまたはCS
赤道の上空3万6000kmからの送信では、日本の全域をカバーできる。仰角が大きくなるため地形や建物などによる電波障害を受けにくい。

図1-2　BS／CS電波の受信仰角

沖縄で約六〇度と大きいので、地形や建物などの障害物で電波が遮られることが少ないという利点があります（図1‐2）。

その代わりBSやCSを受信するアンテナは、はるか遠方から届く微弱な電波を確実にキャッチする必要があります。そこで天体観測で使われる反射望遠鏡の仕組み（図1‐3）が応用されています。じつは光も電波も、78ページで述べるように電磁波の仲間なので、電波が発見される前に研究されていた光の性質を使った技術が、電波にも応用されたのです。

反射望遠鏡では、平行に入射する

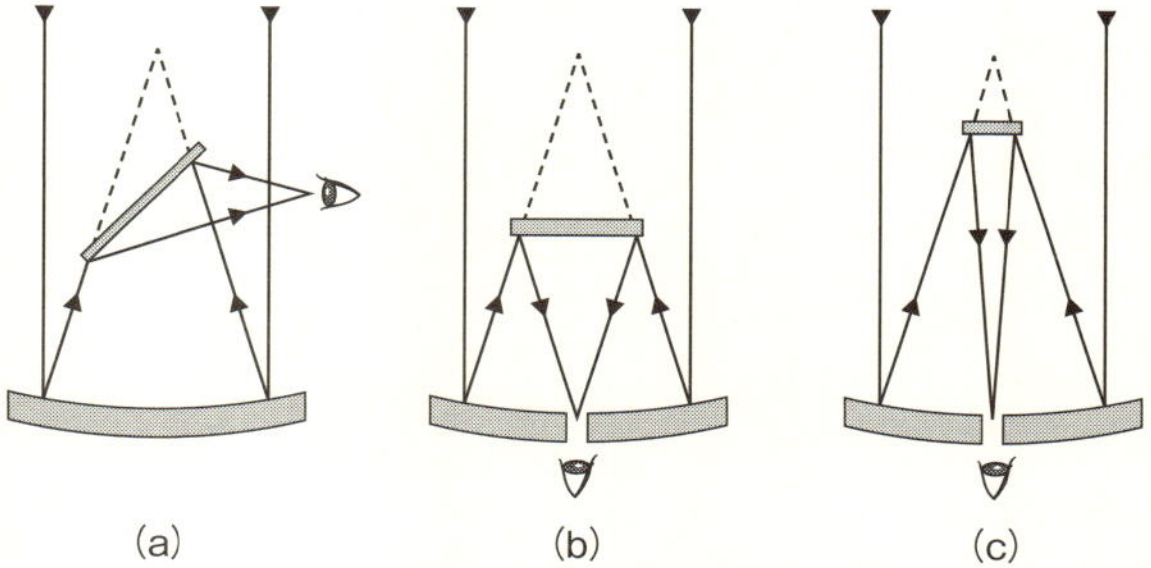
(a)
(b)
(c)

(a) ニュートン式 (b) ニュートン式の焦点を反射鏡の背後に移した形式
(c) カセグレン式

図 1-3　反射望遠鏡の形式

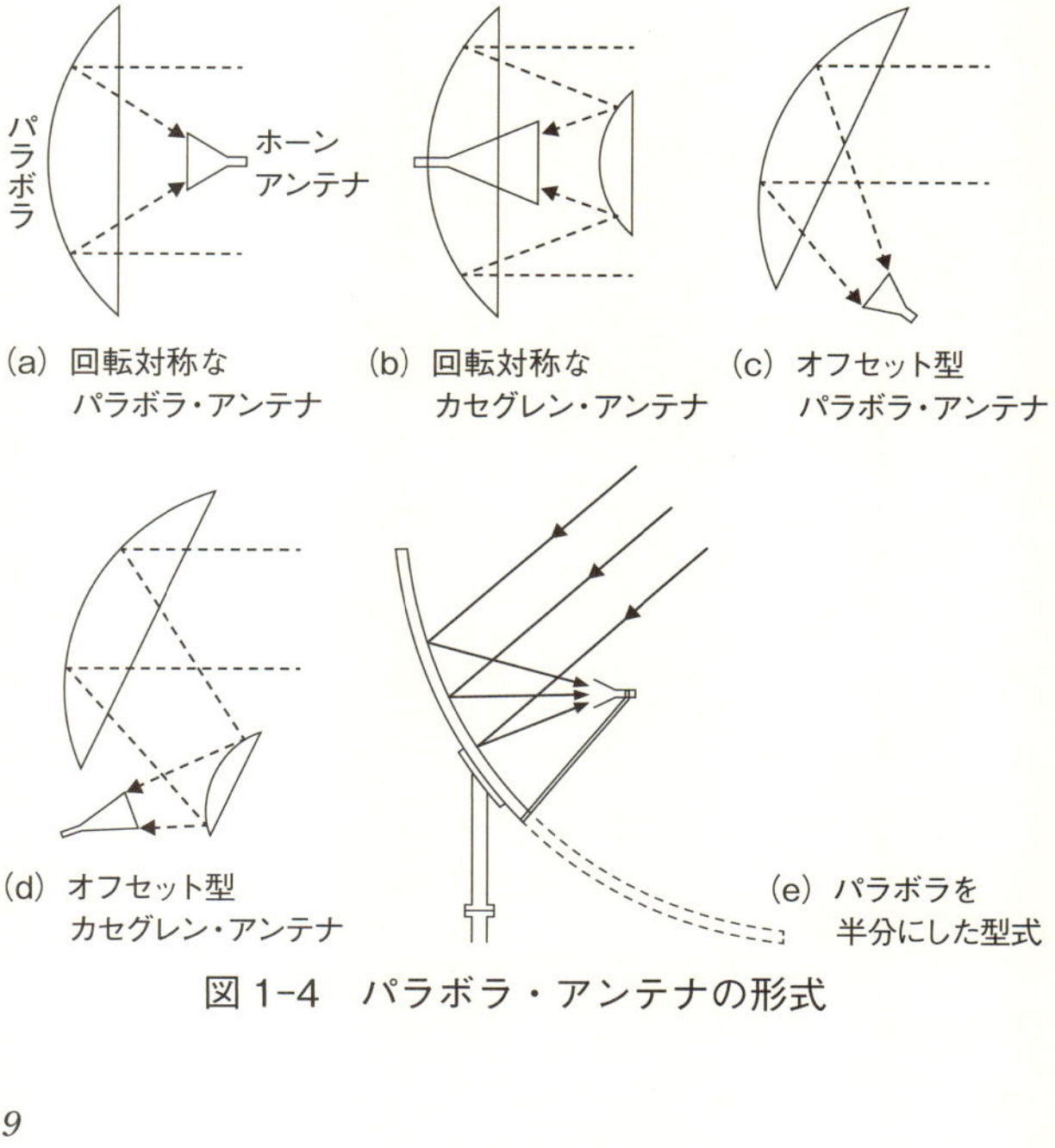
パラボラ
ホーン
アンテナ
(a) 回転対称な
パラボラ・アンテナ
(b) 回転対称な
カセグレン・アンテナ
(c) オフセット型
パラボラ・アンテナ
(d) オフセット型
カセグレン・アンテナ
(e) パラボラを
半分にした型式

図 1-4　パラボラ・アンテナの形式

微弱な光を反射鏡（凹面鏡）で一点（焦点）に集めることで強めています。同じようにパラボラ・アンテナも、お皿（パラボラ）で電波を集めています。

ただしパラボラ・アンテナの表面は単なる鏡ではありません。アルミニウム製で、そこに電波があたると電磁誘導（65ページ参照）という現象で電流が流れ、それが再び電波を生みます。その電波が焦点に向けて再び発射（再放射）されます。この再放射された電波を、パラボラの焦点に置かれたラッパの形のホーン・アンテナ（153ページ参照）が、吸い込むように受信します。

一般的なパラボラは回転対称型で、その焦点位置にホーン・アンテナを置いています（前ページ図1－4a／b）が、ホーン・アンテナがパラボラの端にあるオフセット型もあります（同図c／d）。また、パラボラを半分にしているものもあります（同図e）。こうすることでアンテナを小型にできるほか、雪国での使用に備えて、パラボラに雪が積もらないようにした工夫です。

「はやぶさ」の快挙を支えたパラボラ・アンテナ

パラボラ・アンテナは、一般に皿が大きいほど、より微弱な電波も捉えることができます。

二〇〇三年五月に打ち上げられた小惑星探査機「はやぶさ」は、二〇〇五年夏に小惑星「イトカワ」に到達して科学観測をおこない、さらに着陸して貴重なサンプル採取にも成功して、二〇一〇年六月、みごと地球にもどりました。「はやぶさ」と地球の気の遠くなるような距離の通信

パラボラの直径は64m

写真1-2　JAXA臼田宇宙空間観測所の巨大なパラボラ・アンテナ

パラボラの直径は1.6m

図1-5　小惑星探査機「はやぶさ」

で使われたのはパラボラ・アンテナです。

地球への帰還の途中の二〇〇五年末、地球との距離が約三億キロメートルで「はやぶさ」との交信がいったん途絶えましたが、翌年の初めに宇宙航空研究開発機構（JAXA：Japan Aerospace eXploration Agency）臼田宇宙空間観測所が微弱な信号を再びキャッチして、交信が復活しました。

「はやぶさ」は直径一・六メートルのパラボラ・アンテナ（図1-5）で電波を地球に届け、JAXAは直径六四メートルの巨大なパラボラ・アンテナ（写真1-2）で、そのきわめて微弱な電波を集めたのです。

ちなみに、宇宙から地球に届く電磁波を受信・観測する天文学を電波天文学といいます。たとえば国立天文台の野辺山宇宙電波観測所の電波望遠鏡は、直径四五メートルの巨大なものをはじめ、さまざまなサイズやタイプのパラボラ・アンテナで、宇宙から届く微弱な電波を受

個々のアンテナの装備箇所は公にされていないが、頭頂部の円柱（写真a）の周囲にぐるりと取り付けられている。

写真1-3
東京スカイツリーの双ループ・アンテナ

信・観測しています。電波望遠鏡は、地球から一〇〇億光年以上も遠い星々からの電波も受信・観測できます。まさに「宇宙の果て」に迫る望遠鏡なのです。

テレビの送信アンテナ

　家の屋根の上のテレビの受信アンテナはすっかりお馴染みですが、それに比べて送信アンテナのほうは、電波塔や山の頂など、あまりにも高いところに設置されているので、なかなか見る機会はありません。放送電波は受信者に平等に届ける必要があるので、送信アンテナはできるだけ高い位置に設置されています（97

ページ参照)。また無指向性といって、全方向へ電波を放射するタイプが使われます。

東京スカイツリーでは、地デジやFMラジオ、マルチメディアなどの送信用アンテナは、塔最上部(地上高約六〇〇メートル)の円筒の表面にぐるりと配列されています(写真1-3a)。

そのアンテナ本体は受信用とはまったく異なる形状で、双ループ・アンテナとよばれています(同写真b)。二つのループを中央でつなげた形で、背後には格子状の反射板がついています。ループの片方だけでもアンテナとして動作しますが、8の字形にするとより高性能なアンテナになります。

ケータイ基地局アンテナ

日々の生活に欠かせなくなっているケータイやスマホも、もちろんアンテナを介して電波を利用しています。

ただし、たとえばケータイから電話をかけたりメールをしたりしたとき、そのケータイから発信された電波を、直接、相手のケータイが受信するわけではありません。電波はまず中継用の基地局のアンテナが受信し、そこからさらに別の基地局などを経由するなどして、相手のケータイにつながるのです。

しかし今では、ケータイ本体のアンテナは内蔵されて見えなくなっています。その見えないア

a ：大型基地局（塔上）
b ：小型基地局（柱上）
c ：屋内基地局（天井裏）

写真 1-4　携帯電話基地局

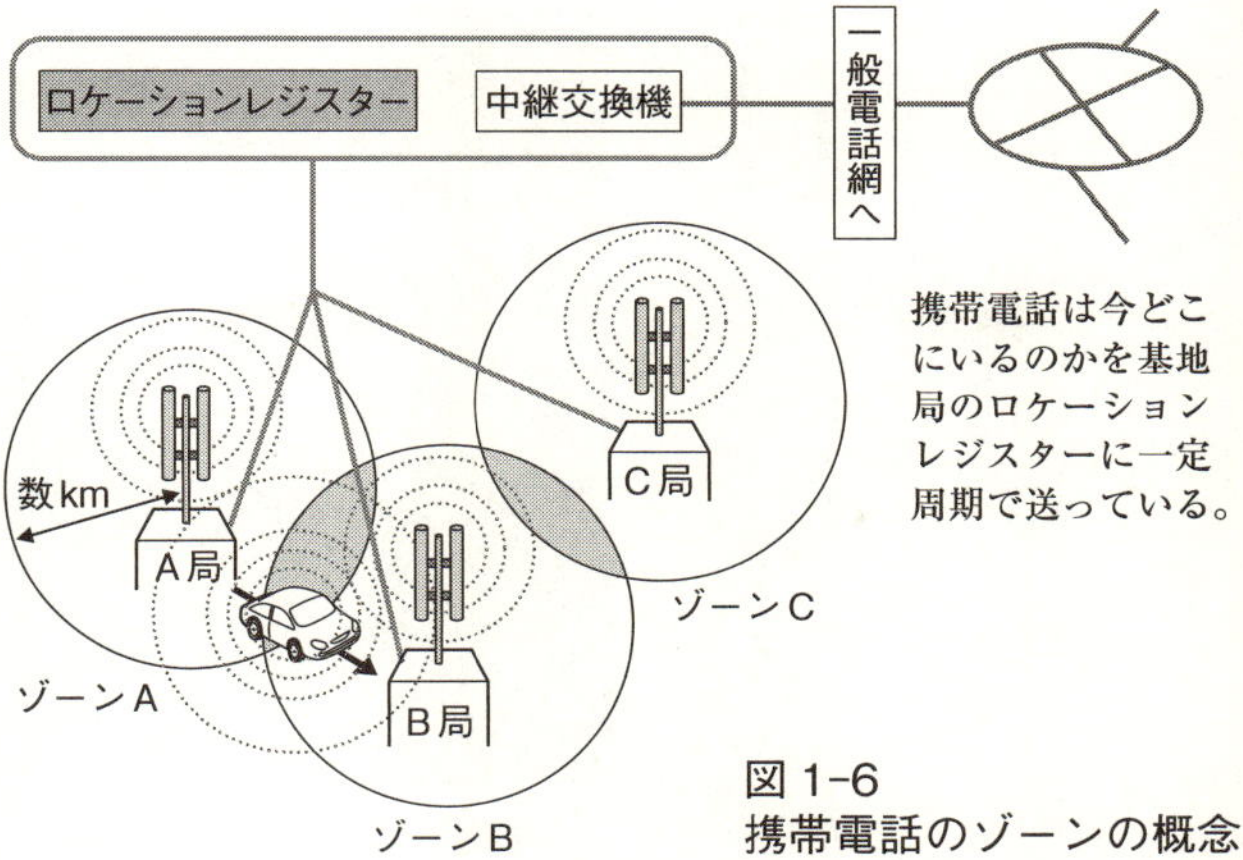
ロケーションレジスター
中継交換機
一般電話網へ
携帯電話は今どこにいるのかを基地局のロケーションレジスターに一定周期で送っている。
数km
A局
B局
C局
ゾーンA
ゾーンB
ゾーンC

図 1-6
携帯電話のゾーンの概念

ンテナについては後（39ページ）で述べるとして、とりあえず基地局のアンテナを見ておきましょう（写真1・4）。

基地局のアンテナは、郊外ではおもに高さ二〇〜五〇メートルの鉄塔上に設置され、比較的広いエリアをカバーしています（同写真a）。市街地ではビルやマンションの屋上に置かれています。さらに電柱などに取り付けられ、小規模なエリアをカバーする小型基地局があります（同写真b）。そして地下街や地下鉄駅構内、ビルの地下や高層階など限られた範囲をカバーする屋内基地局もあります（同写真c）。

鉄塔や屋上に設置される基地局のアンテナは、一般に円筒状のケース（レドーム）内に、アンテナ素子や給電回路が収められた構造です。レドームは景観や風圧を考慮して、できるだけ小さく作られています。

レドームに収められているのはコリニア・アンテ

ナ、小型基地局や屋内基地局のアンテナは垂直設置のダイポール・アンテナです。コリニア（collinear）とは「つながった直線」というほどの意味で、小型アンテナを直線上に複数並べたものです。

基地局から電波が届く範囲をゾーンといいます。それぞれの基地局は有線の通信回線で中継交換機につながって連携しており、利用者が移動しているときには、ゾーンが変わると、ケータイからの電波が弱くなったゾーンから強くなったゾーンに自動的に接続を切り替えることで、通話が途切れないようになっています（前ページ図1‐6）。

ＰＨＳ（Personal Handyphone System）も同じ仕組みですが、ゾーンの半径が一〇〇～三〇〇メートルと、携帯電話に比べて小さくなっています。

またＰＨＳの基地局アンテナは、何本ものダイポール・アンテナが組み合わさって連携することで、送・受信する電波の方向（指向性）を切り替えるようになっていて、通話継続に都合がよいほうのゾーンと通信できます（写真1‐5）。

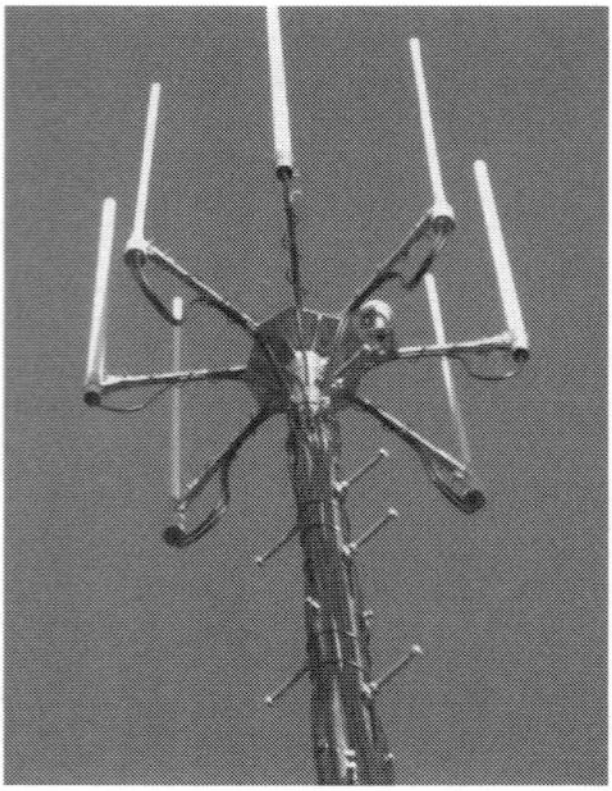

写真 1-5　PHS 基地局

写真 1-6　コードレス電話

コードレス電話のアンテナ

今では多くの家庭でコードレス電話を使っていますす。その親機には、アンテナが突き出ていますね（写真1・6）。機能的にはダイポール・アンテナですが、このような棒状のアンテナをホイップ・アンテナといいます。ホイップ（whip）とはムチのことで、実際にムチのようにしなうホイップ・アンテナがあります。

ホイップ・アンテナは、テレビの受信アンテナなどの指向性アンテナと違い無指向性で、水平方向全周どこにでも送・受信できます。アンテナを送信局の方向にあわせる必要がないので、コードレス電話やワンセグ、携帯ラジオなどの移動性の高いものでよく使われています。

ただし指向性アンテナに比べるとノイズを拾いやすいなどの欠点もあります。

また、たとえば筆者宅のコードレス電話では、アンテナは太さの異なる何本かの棒が入れ子になっていて、すべて引き出すと一七センチメートルほどの長さになります。このように伸縮性のあるホイップ・アンテナは、ロッド・アンテナとよばれることもあります。ロッド（rod）とは棒とか竿の意味です。

ロッド・アンテナでは、注意しなければならないことがあります。

友人から、購入したばかりのコードレス電話機で「子機が少し離れただけで通話できなくなってしまう」と相談を受けました。状況を聞いてみると、親機は梱包から取り出したままで、ロッド・アンテナが短く水平でした。そこでアンテナをすべて引き出し、垂直に立てるようアドバイスすると、一件落着して喜ばれました。

アンテナは伸ばして立てる

じつは、このアンテナの長さと立て方はたいへん重要なポイントです。次から述べることは第2章以降で詳しくお話ししますが、とりあえず頭の片隅に置いておいてください。

筆者宅のコードレス電話は、メーカーの資料によれば三八〇メガヘルツ（MHz）の電波を使っています。

電波は文字通り「波（振動）」で、ヘルツ（Hz）は、一秒間に振動する回数を表す周波数の単位です。メガ（M）は一〇の六乗ですから、この電波は、一秒間に三億八〇〇〇万回振動する波になります。波の山から次の山まで、あるいは谷から谷までの長さが「一波長」です。電波は一秒間に約三〇万キロメートル進むので、三八〇メガヘルツの波長はこれを三八〇メガで割った約七九センチメートルになります。とすると、筆者宅の親機のアンテナの長さ（約一七センチメートル）は一波長の約四分の一に相当します。

じつは、アンテナは使用する電波の波長に合った長さにする必要があるのです。コードレス電話機のアンテナの長さは一波長の約四分の一になっています。また、地デジのダイポール・アンテナは波長の約二分の一、地デジ送信用のループ・アンテナは、ループ長が一波長とほぼ同じです。この値がアンテナの長さの基本です。

またコードレス電話の子機では、波長の四分の一の長さのエレメントを折り曲げることで小型化したアンテナが、電子回路基板の配線パターンの一部として形成されていることが多いようです。これはケータイなどの内蔵アンテナでも同じです（39ページ参照）。

もう一つ重要なポイントがあります。たとえば垂直方向に伸びたアンテナは、垂直方向に電気振動する電波を送・受信します（84ページ参照）。子機を使うとき、その内蔵アンテナは垂直方向になることが多いと思いますが、その場合、親機のアンテナも垂直方向に伸びていないと、通信は不安定になってしまいます。

ホットスポットのアンテナ

無線ＬＡＮ（ラン：Local Area Network）のアクセスポイントを設置するオフィスが多くなりました。また、飲食街や駅など、人が集まる場所でも、アクセスポイントを設置して、インターネット接続サービスを提供するところが増えています。

そのような場所はホットスポットとよばれ、さまざまなタイプのアンテナが設置されています。写真１‐７はその一例で、無線ＬＡＮの屋外通信用アンテナです。

これは五本の金属棒（反射器）を背後に並べて電波を反射させ、中央のダイポール・アンテナの電波と合成しています。このようなアンテナをセクター・アンテナとよびます。反射器の並べ方で、アンテナから見て一定の角度の範囲（セクター：sector）にだけ電波を送・受信でき、サービスエリアを、より狭い範囲に絞り込めます。

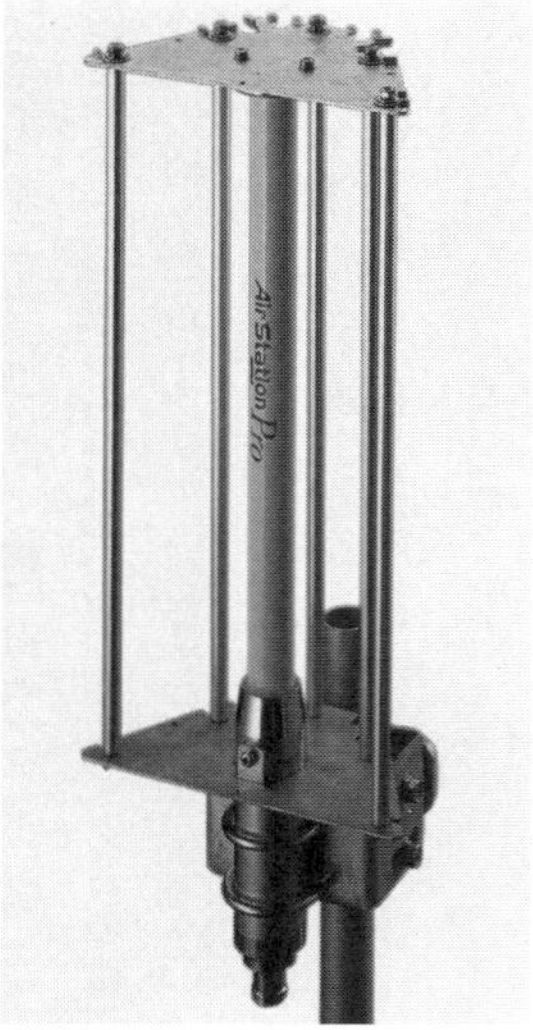

中央の太い棒がダイポール・アンテナ背後の細い５本は反射器

写真 1-7　無線 LAN 用の屋外アンテナの一例

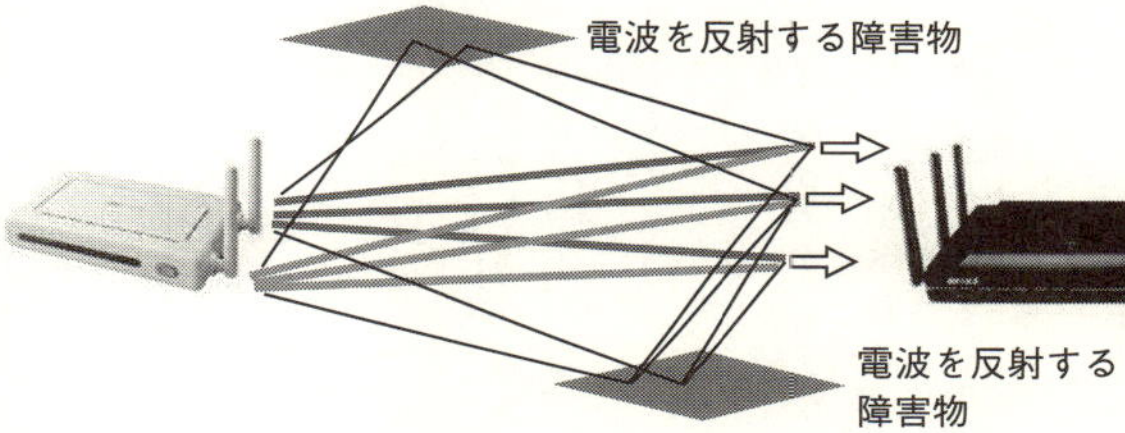

電波が乱反射する中でも比較的安定した通信ができる。
図 1-7　MIMO の概念

無線ルーターのアンテナ

筆者宅では無線LANを使って小規模のパソコン・ネットワークを組んでいます。無線LANに欠かせないのが無線ルーターです。ルーターは、いわばコンピュータ・ネットワークの交通整理の役割を果たしています。

たとえば無線ルーターをインターネットのプロバイダーにつなぐと、複数のパソコンを無線でむすび、それぞれをインターネットに接続できるようになります。筆者らは、無線ルーターを契約CATV（ケーブルテレビ）のケーブルモデムにつなげて、自宅のリビングを事務所代わりにしています。また一般のアナログ電話回線のADSLなどの場合も、LANケーブルを使って、無線ルーターのインターネット接続端子につなぎます。

無線LANのルーターは家庭用も普及しています。その中には図1・7にあるような、二本か三本のホイップ・アンテナがついた製品もあります。このように複数のアンテナで電波（データ）を送・

受信する方式は、ＭＩＭＯ（マイモ：Multiple Input Multiple Output）とよばれる技術を使っています。

たとえば二本のアンテナで送信して三本のアンテナで受信しているときには、二本のアンテナから別々のデータを同時に送ることができるので、単位時間あたりのデータ転送量が向上するとされています。

また複数のアンテナで送・受信するので、障害物によってできた複数の反射波が干渉しあう障害などにも強いという利点もあります。反射波も有効なデータとして合成するので、床、天井、スチール棚……など多くの障害物で電波が乱反射しがちな屋内でも、ＭＩＭＯは安定した通信ができるのです。

コイル状のアンテナ

初期のケータイは、本体からホイップ・アンテナが引き出せるようになっていました（写真1-8a）。ケータイでは姿を隠したそのアンテナが、ワンセグテレビではまだ見えているものもありますね。

これはダイポール・アンテナですが、さらに、そのアンテナ先端の円筒形の中には、一部をバネ状に巻いて長さを稼ぎ、実装寸法をできるだけ短くするために、コイル・アンテナ（ヘリカ

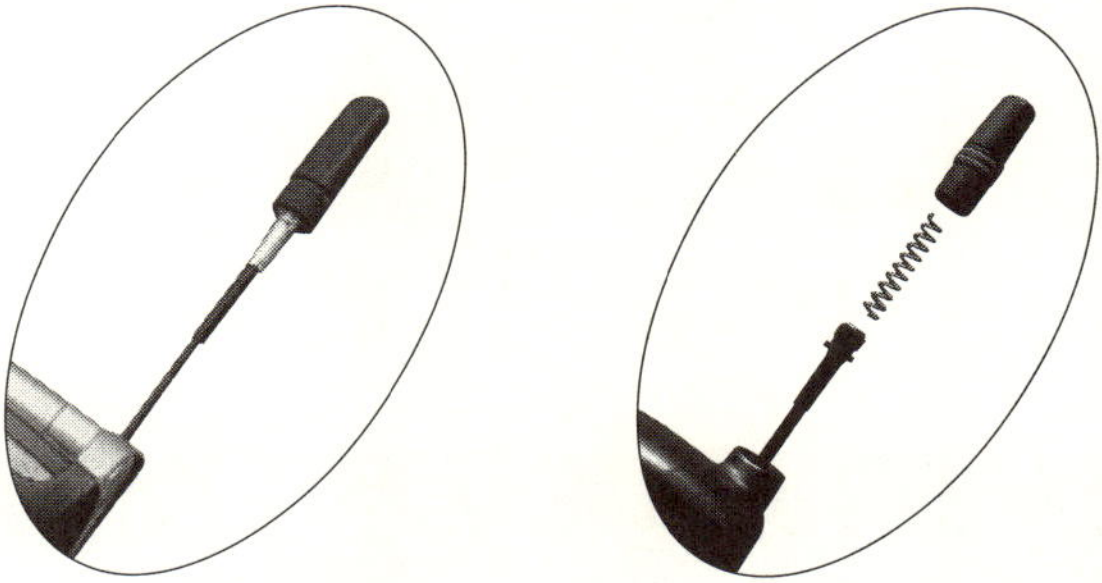

写真1-8　先端にコイル・アンテナを内蔵したホイップ・アンテナ

ル・アンテナともいう）が入っています（同写真ｂ）。

ホイップ・アンテナを引き出し、コイル・アンテナとあわせた長さが、波長の約二分の一（九〇〇メガヘルツ帯では約一五センチメートル）になっているのです。

この仕組みがワンセグでも使われているのです。ワンセグでは、たとえば使用周波数が四七〇メガ～七七〇メガヘルツとすると、波長は三九～六四センチメートル。半波長だと三二～二〇センチメートルほどになります。つまりアンテナがこれより短い場合は、その分をコイル・アンテナで補っているとみることができます。

自動車の窓ガラスにあるアンテナ

次は見えているのに意外と気づかないアンテナを紹介しましょう。

自動車に乗っているときもＡＭやＦＭラジオ、地デジが楽しめます。ただし放送電波の周波数が異なるので、

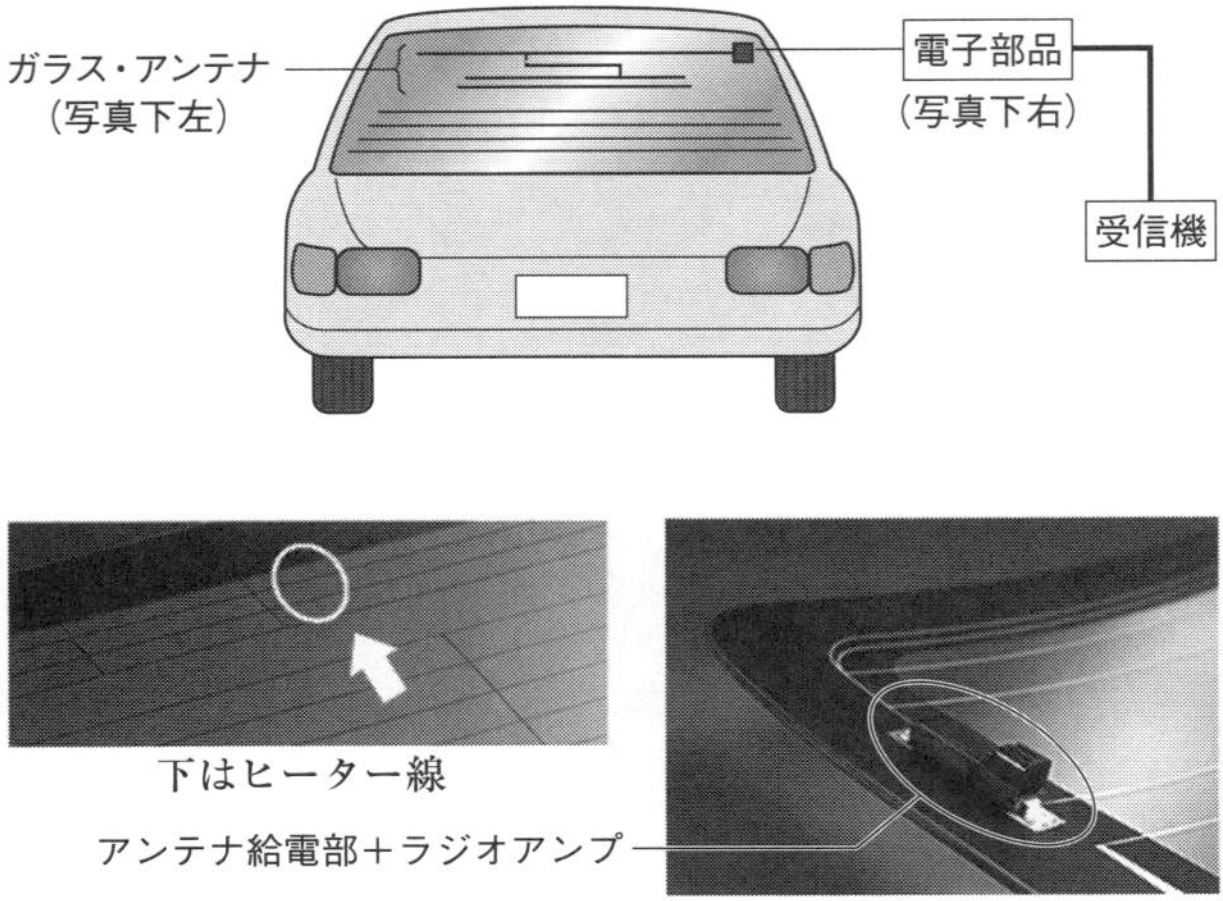
ガラス・アンテナ
（写真下左）
電子部品
（写真下右）
受信機
下はヒーター線
アンテナ給電部＋ラジオアンプ

図 1-8　ガラス・アンテナ

ラジオとテレビ、それぞれ専用の受信アンテナが必要です。家庭で受信する場合は、一般に屋外の支柱に設置したＹＡＧＩアンテナが使われていますが、自動車の車体からそんなアンテナが突き出ていたら危険です。では、自動車ではアンテナがどこにあるのかご存じですか？

　後部の窓ガラスをよく見てください。細い線が何本か這い回っていませんか？　じつはこれらの線がラジオやテレビ用のアンテナで、ガラス・アンテナとよばれています。ガラスの表面に導電性の細い線を印刷したり、フィルム状の導線で形成したアンテナをガラスに貼り合わせたりしてあります（図1-8）。最近では、シール状に形成したアンテナを、合わせガラスの間に封入するタイプもできています。

　ガラス・アンテナも、細い導線に電波が乗ることで電流が流れます。ただし、電波がガラスを通り抜けるとき、速度がやや遅く（波長が短く）なります。そこでガラス・アンテナの全長は、普通のアンテナよりも短くできます。

ガラスは、電波は通り抜けることができますが、電気を伝えない絶縁体です。またケータイやスマホの合成樹脂製ケースも、やはり電波は通しますが絶縁体です。絶縁体でも電波を通しますが、そのエネルギーの一部が失われます。そのため内蔵されたアンテナでは、送・受信された電波の一部は失われることになります。

もともとアンテナは広い空間にあるほど性能を発揮するのですが、ケータイやスマホではじゃまもの扱いされて、ついに狭苦しい本体内に収められてしまいました。しかしこれはアンテナたちにとって決して満足できる環境ではなく、そのアンテナが本来もっている性能を一〇〇パーセント発揮できていないことになります。

車内に置くアンテナ

車内にテレビやラジオ以外のアンテナも装備されている自動車が多くなっています。たとえばカーナビ用やＥＴＣ用のアンテナです。

カーナビではＧＰＳのためのアンテナが必要です。ＧＰＳ（Global Positioning System：全地球測位システム）は、地球を周回する二四基のＧＰＳ衛星（ナブスター：Navstar）のうちの四

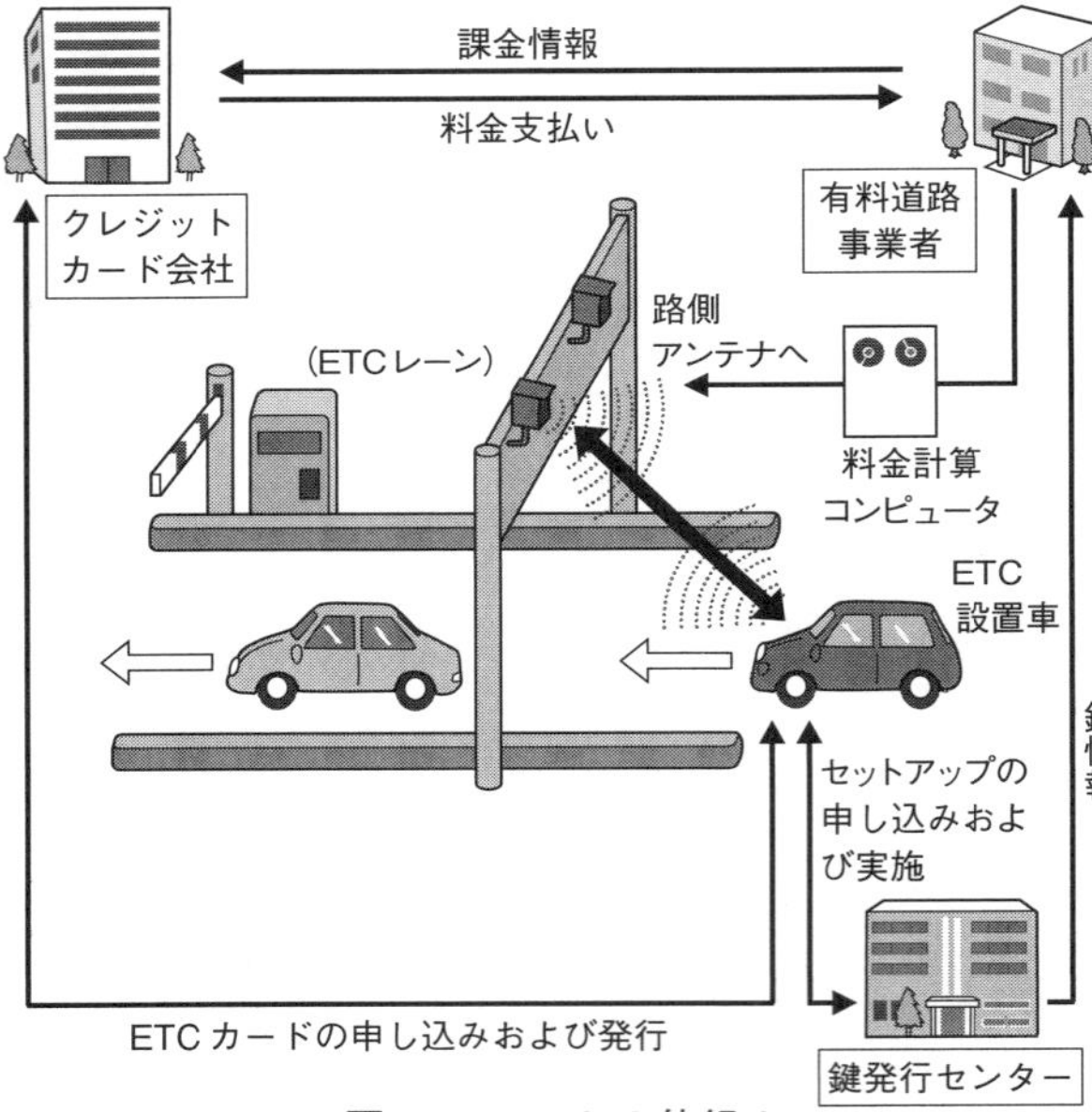

図1-9　ETCの仕組み

つからの電波を受信して、車の現在地を特定するシステムです。

一方、ＥＴＣ（Electronic Toll Collection System）は「ノンストップ自動料金収受システム」ともいわれます。有料道路に出入りする際にＥＴＣ専用ゲートを通ると、自動車内に置いたＥＴＣカードを入れた車載器とゲートにあるアンテナを介して、その車の情報が道路管理会社のコンピュータに記録されます。この情報にもとづいてドライバーの銀行口座などから料金が引き落とされるシステムです（図１・９）。

ＥＴＣの車載器は、周波数五・八ギガヘルツ（ギガは一〇の九乗）、波長約五センチメートルの電波で道路のゲート側に設置されているアンテナと通信します。

ＥＴＣアンテナの近くに、アンテナと同じくらいの長さの金属部分があると、そこにも誘導電流が流れることで再放射して、送信アンテナのように働きます。また金属部分の長さが波長の半分（二・五センチメートル）だと、それがアンテナのように働くことがあります。もちろんゲート付近の鉄骨などは波長よりもはるかに長いのですが、金属棒はアンテナが何本も縦につながっているのと同じ動作をする場合もあるのです。

このような現象で周囲の金属がアンテナのように動作すると、再放射した電波が混ざってしまって料金所の装置で情報が読めなくなります。実際、ＥＴＣシステムがスタートする直前、これが原因で通信に障害が発生して、予定した日程での運用が危ぶまれました。このときは金属柱に電波を吸収する特殊なシートを貼って対策したそうです。

また、ダイポール・アンテナを車体表面にはわせておくと、その直下の車体金属表面に電流が誘導されて、アンテナの性能が大きく低下してしまいます。

パッチ・アンテナ

こうした理由で、ＥＴＣやＧＰＳ用には、プラスチックケースに内蔵されたパッチ・アンテナとよばれる平板状のアンテナが車内に置かれています（次ページ写真１‐９）。

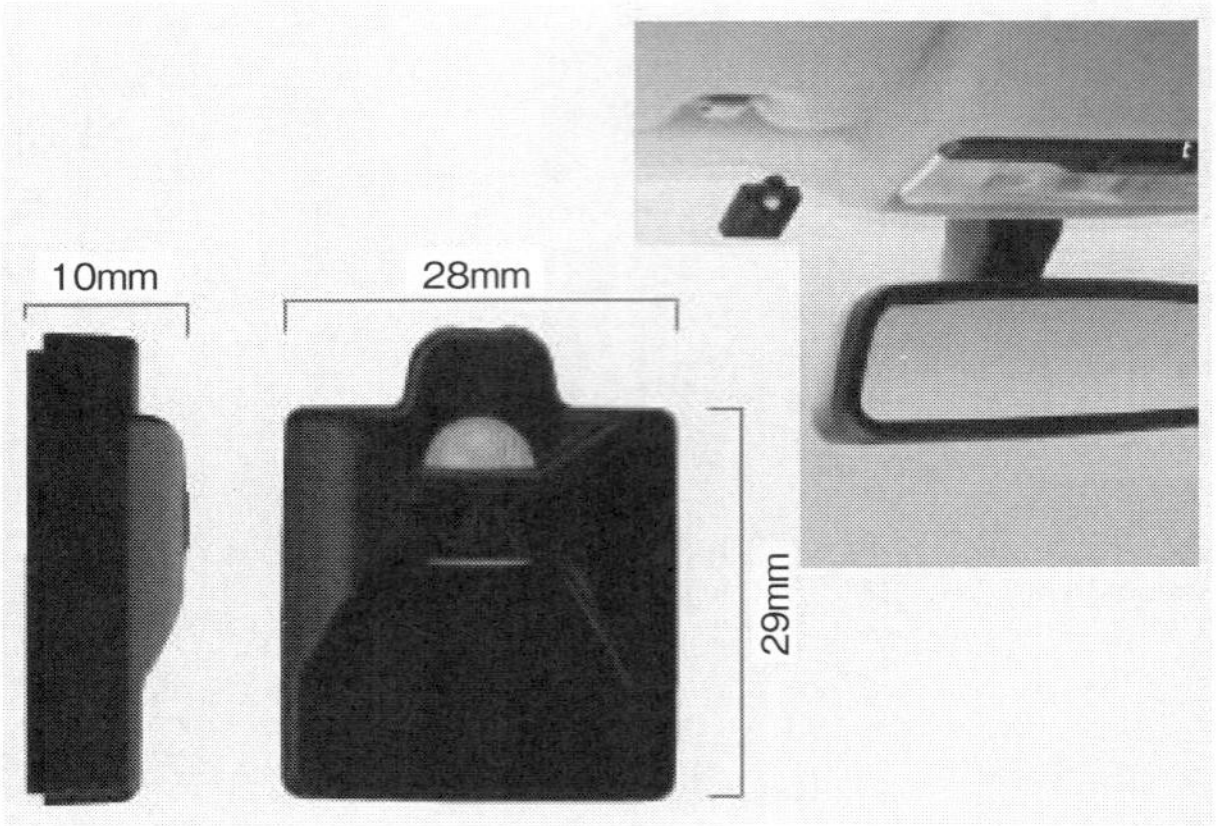

写真1-9　パッチ・アンテナの一例

パッチ（patch）とは「継ぎ当て布」という意味です。一辺が約半波長の金属薄板（パッチ）と、もう一つのやや広い金属板で絶縁体のセラミックスをはさんであります。セラミックスを通る電波は、速度が遅く（波長が短く）なり、結果としてアンテナの寸法をかなり小型化できるのです。

ＧＰＳ衛星からの電波は、二枚の金属板の隙間に入り込み、そこにいったんエネルギーが保持されるので、両導体間に配線をつないで電気信号を取り込みます。一方、ＥＴＣ用では、ＧＰＳ衛星からの受信の逆回転動画のように、パッチ・アンテナからゲートのアンテナへ電波が出ます。

パッチ・アンテナは金属板の上に形成されており、金属をはじめ、さまざまな物体に貼っても性能が低下しないので、アンテナの小型・内蔵化が進むにつれて用途が増してきたようです。ただし形状の自由度、微小化、指向性に問題があって、ケータイは使われていません。

1-2 見えないアンテナ

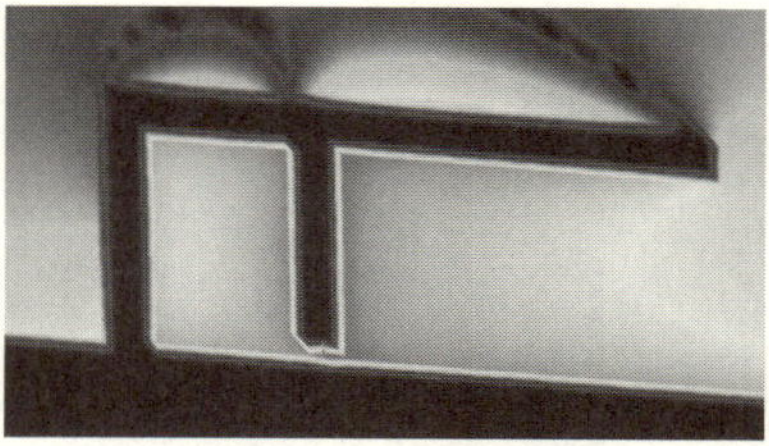

写真 1-10　逆Fアンテナ

ケータイやスマホの内蔵アンテナ

あるはずなのに、どこかに隠れているアンテナも数多くあります。代表的な例がケータイやスマホの内蔵アンテナでしょう。よく使われているのは、波長の約四分の一の長さのモノポール・アンテナ（150ページ参照）を、Fの字の逆向きに変形した逆Fアンテナです。写真1‐10はその逆Fアンテナの電波特性を示すCGですが、とりあえず逆Fの様子を確認してください。

小さなケータイでは長らく、33ページ写真1‐8のように、本体から突き出るホイップ・アンテナが使われてきました。

右上の蛇行部分

写真 1-11　携帯電話のメアンダ・アンテナ

もともとモノポール・アンテナは、ダイポール・アンテナのほぼ半分の長さで機能します。これを小さな本体内に収めるため、まず先端をL字形に折り曲げた逆Lアンテナが考案されました。そしてさらに小型化するために、エレメントを途中で分岐した逆Fアンテナが発明されたというわけです。ケータイの屋内基地局用のアンテナ（24ページ写真1－4c）も、カバーの中に逆Fアンテナが収められている製品があります。

ところが、ケータイやスマホは本体の薄型化が進み、内蔵アンテナを置けるスペースがどんどん狭くなっていきました。そしてついには、エレメントを曲がりくねらせたメアンダ・アンテナも登場しました（写真1－11）。メアンダ（meander）とは蛇行という意味です。

このようなアンテナは場所をとらないので、無線LANやモバイル端末などの内蔵アンテナとしても普及しています。

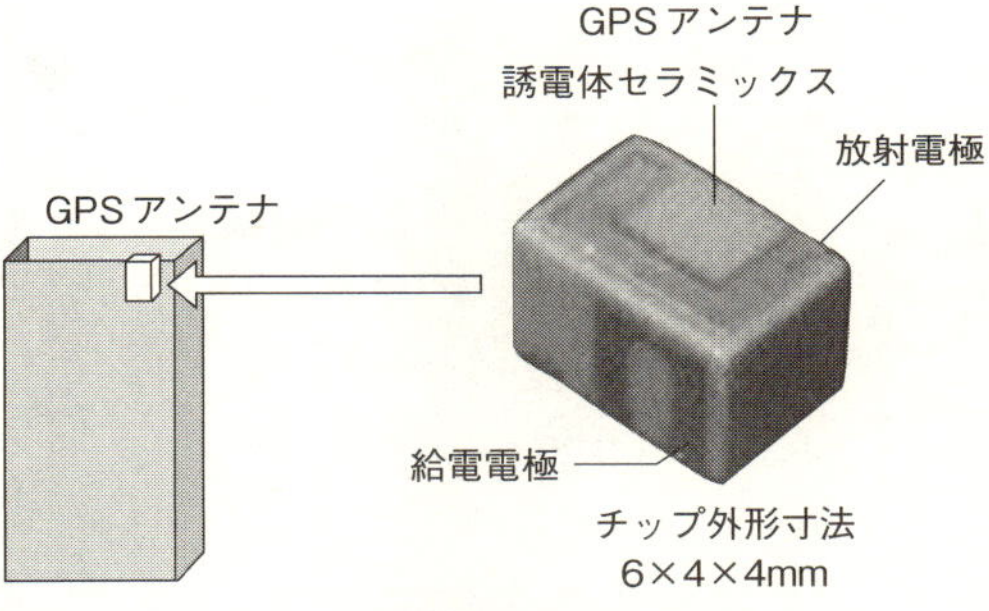
GPSアンテナ
誘電体セラミックス
放射電極
GPSアンテナ
給電電極
チップ外形寸法
6×4×4mm

図1-10　携帯電話のGPSアンテナ

ケータイのＧＰＳアンテナ

現在の腕時計やケータイ、スマホには35ページでも紹介したＧＰＳ機能が搭載されているものも多くなっています。ＧＰＳはもともと軍事用に開発された最先端の技術で、それが腕時計でも利用できるまでになったのは、超小型の受信用アンテナが開発されたおかげです。

ＧＰＳ用の電波は一五七五・四二メガヘルツ（波長約一九センチメートル）と一二二七・六メガヘルツ（波長約二四センチメートル）です。その受信アンテナはダイポール・アンテナで、そのままなら波長の半分の約一〇センチメートルが必要です。しかしこれでは小型のケータイやスマホに内蔵できません。

そこで車載用のパッチ・アンテナと同じように、セラミックスの中にアンテナを折り曲げて成形したものがあります（図1-10）。セラミックスの中では電波の波長が短くなるので、一〇分の一以下に小型化することができ、さらにそれを折り曲げてあるというわけです。

下の円筒状のものがコイル

写真1-12　電波腕時計の内部

電波時計の超小型アンテナ

筆者は電波腕時計を使っています。これは時報電波を受信して誤差を自動修正するクォーツ腕時計です。もともとクォーツ腕時計は月差一〇秒くらいの精度があり、一日に一秒も狂わないのですが、そのわずかな誤差も電波を受信して修正することで「誤差ゼロ」を可能にしています。

裏蓋のネジ止めを外して内部の様子を詳しく見てみましょう（写真1-12）。

下部にある細い筒はコイルで、髪の毛ほどの細いエナメル線が密に巻かれています。小学校の理科の授業で作った、鉄釘にエナメル線を巻き付けて作った電磁石のコイルを思い出させます。ただし電波時計のエナメル線は、鉄ではなくフェライトの棒に巻いてあります。フェライトとは鉄の酸化物を固めた材料で、電磁石と同じようにコイルに電流を流すと強い磁気が集中します。

コイルの近くの空間に磁気があれば、その磁気がコイルを通り抜けることで電線に電流が流れる電磁誘導が起きます。電波は、電気と磁気が相伴って伝わりますが（67ページ参照）、その磁

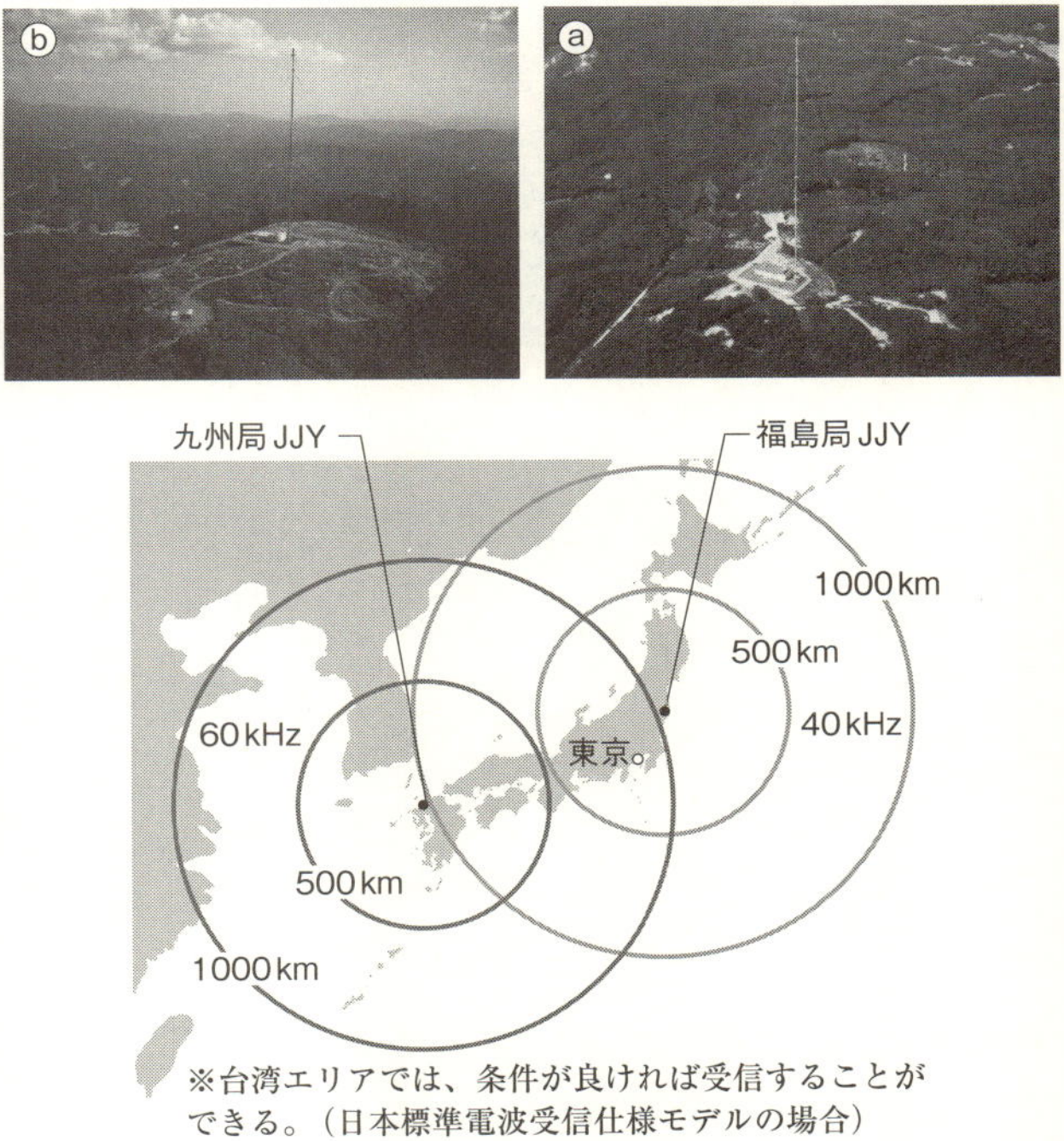
ⓑ
ⓐ
九州局 JJY
福島局 JJY
1000 km
500 km
40 kHz
東京
60 kHz
500 km
1000 km
※台湾エリアでは、条件が良ければ受信することができる。（日本標準電波受信仕様モデルの場合）

図 1-11　JJY 標準電波送信所とカバーエリア

気を強く受信して信号を読み取り、時計の時刻を合わせているのです。

時刻を伝える長大アンテナ

ちなみに電波時計が受信する正確な時刻情報（日本標準時）は、情報通信研究機構（ＮＩＣＴ：National Institute of Information and Communications Technology）が送信しています。福島県大鷹鳥《おおたかど》谷《や》山《やま》にあるアンテナ（図１‐11写真ａ）からは四〇キロヘルツ、また佐賀県と福岡県境の羽金山《はがねやま》のアンテナ（同写真ｂ）からは六〇キロヘルツで送信されており、この二つで日本全国を完全にカバーしています（同図下）。キロ（ｋ）は一〇〇〇倍を表し、四〇キロヘルツは一秒間に四万回振動する波です。

なお、これらの無線局の呼出符号（コールサイン）はＪＪＹ（ジェイ・ジェイ・ワイ）で、無線局そのものもＪＪＹとよばれています。

四〇キロヘルツの波長は七・五キロメートルにもなります。コードレス電話のところでお話ししたように、アンテナは使用する電波の波長に合った長さにする必要があります。ところが電波腕時計のコイル・アンテナは、その細い線をほどいても必要な長さに足りません。そこでコイルの両端に電気回路をさしこんで、時報電波がもっとも強く受信できるように工夫されています。

無線式ＩＣカード

初期のクレジットカードは、縁に沿った磁気テープ（磁気ストライプ）にデータが書き込まれていました。しかし磁気ストライプに書き込めるデータ量は比較的少なく、たとえば銀行コードや口座番号、暗証番号程度しか記憶できません。

次に登場したのがＩＣカードです。磁気ストライプだけでなくＩＣ（集積回路）が入っており、磁気カードよりはるかに多くのデータが扱えます。またＩＣは、コンピュータと同じＣＰＵ

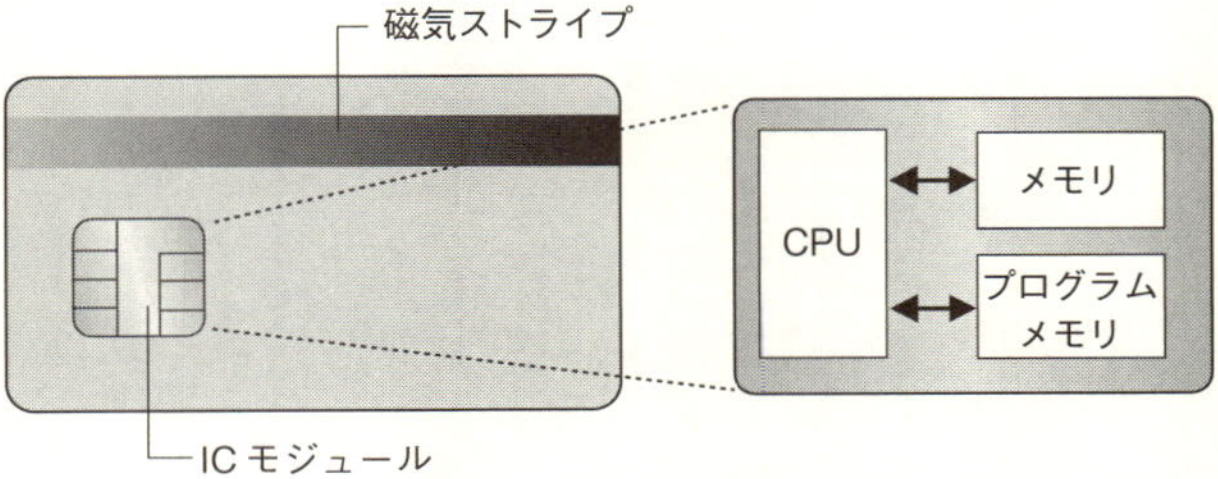
磁気ストライプは、ICカードと併用するために用意されている。
磁気ストライプ
CPU
メモリ
プログラムメモリ
ICモジュール
ICモジュールがむき出しになっている「接触カード」は、この部分が接点となってリーダ／ライタと接触してデータをやり取りする。

図1-12　ICカードの仕組み

Suica
ICOCA

JR東日本のSuica　　JR西日本のICOCA

写真1-13　無線式ICカードの一例

（中央処理装置）やメモリ（記憶素子）を備えて暗号データを扱うことができ、セキュリティー（安全性）を確保しています（図1‐12）。

さらに最近では、社員証や鉄道の乗車券あるいは電子マネーとして、無線式ＩＣカードが普及しています（写真1‐13）。無線式というからには、これらのカードには、当然、アンテナがあります。あの小さくて薄いカードには、微小なＩＣチップの他に、なんとアンテナまで収められているのです。

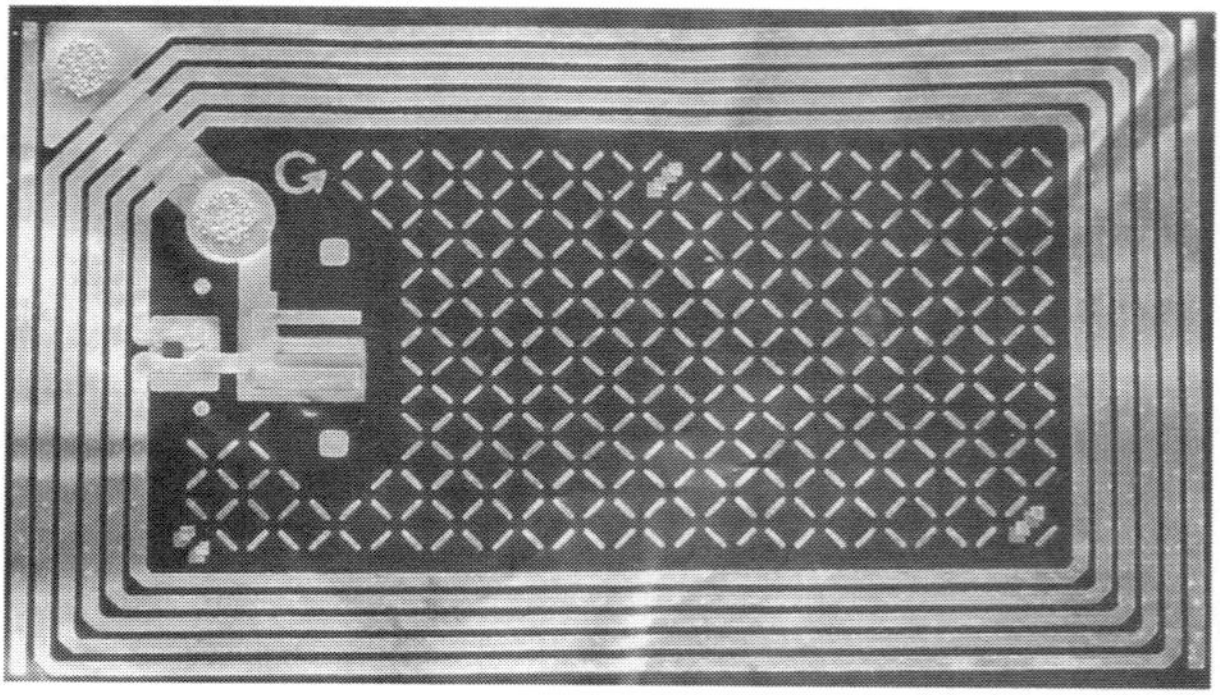

写真1-14　無線式ICカードのコイル・アンテナ

ICカードの超薄型アンテナ

無線式ICカードのシステムの多くは、一三・五六メガヘルツの電波が使われています。その波長は二二メートルもあり、半波長が必要なダイポール・アンテナでは、カードに組み込むには大きすぎます。

そこで電波腕時計で紹介したコイル・アンテナが使われています。ただしカードは薄いので、平面に五〜六回巻いた超薄型のコイルになっています（写真1-14）。一方、リーダのタッチ面直下にもコイルがあります。

二つのコイルが近づくと、互いに発生する磁気によって、データのやりとりができるのです（図1-13）。

このとき二つのコイルが接触するわけではないので、非接触ICカードともよばれています。

カードのコイルには、通常は電気が流れていません。一方、リーダのコイルには電源からの電気が流れていて、その周りには磁気が生まれています。その磁気にカードを近づけると、カードのコイルに電気が流れてＩＣが動きだし、そのデータにしたがって磁気が変動します。リーダがその変化を読み取るのです。

もちろん、コイルの全長は波長に比べてかなり短いので、その磁気によって発生する電波は遠くには届きません。一般にアンテナは、電波を遠くまで届けることが期待されますから、アンテナの性能としては劣ることになります。ところがＩＣカードでは逆で、性能の劣ることが利点になっています。

もしもアンテナが高性能で、電波が十分に離れた場所にも届いてしまうと、たとえば鉄道の乗車券の場合、近くの改札がすべて反

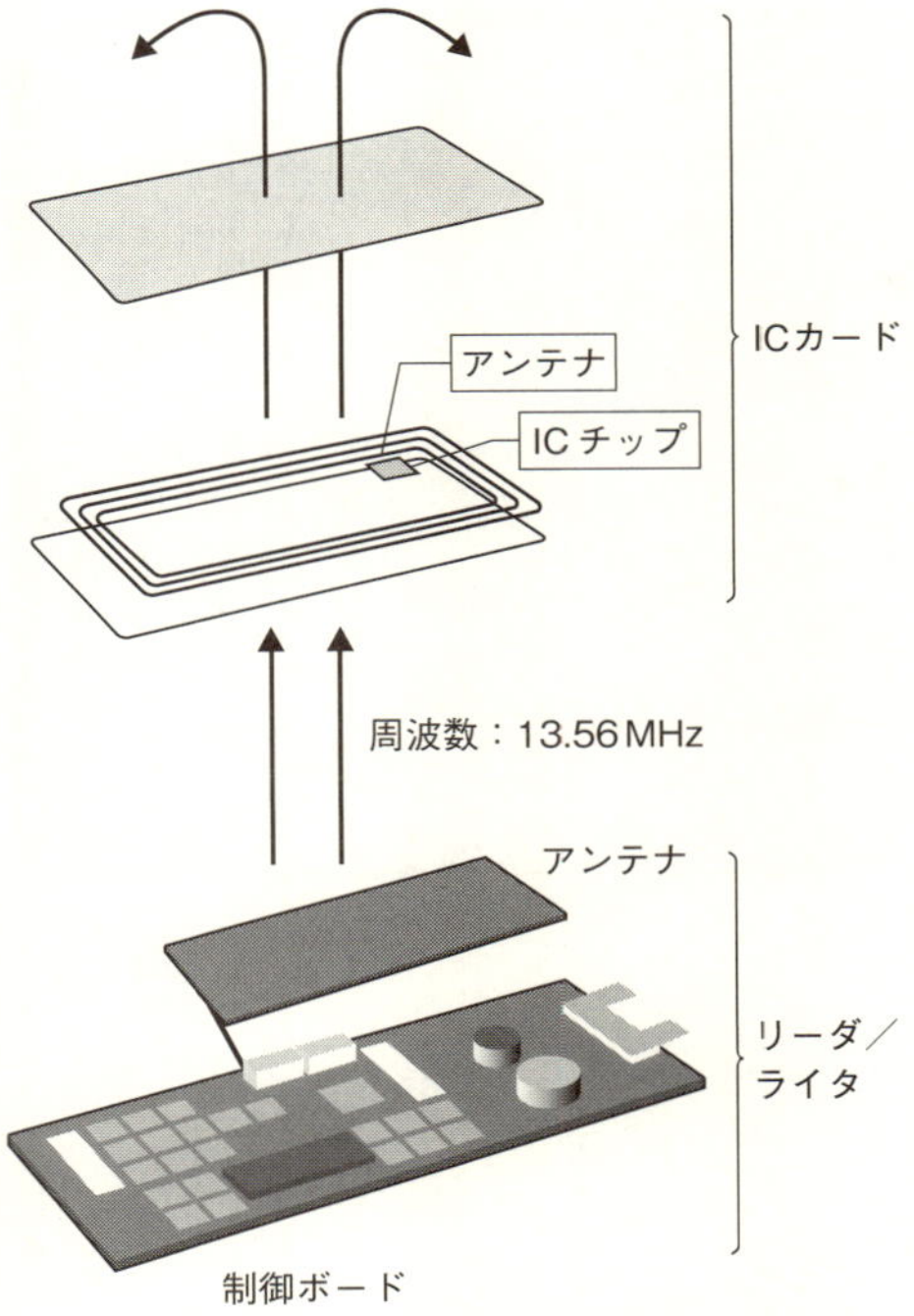
ICカード
アンテナ
IC チップ
周波数：13.56 MHz
アンテナ
リーダ／ライタ
制御ボード

図 1-13　無線式 IC カードの仕組み

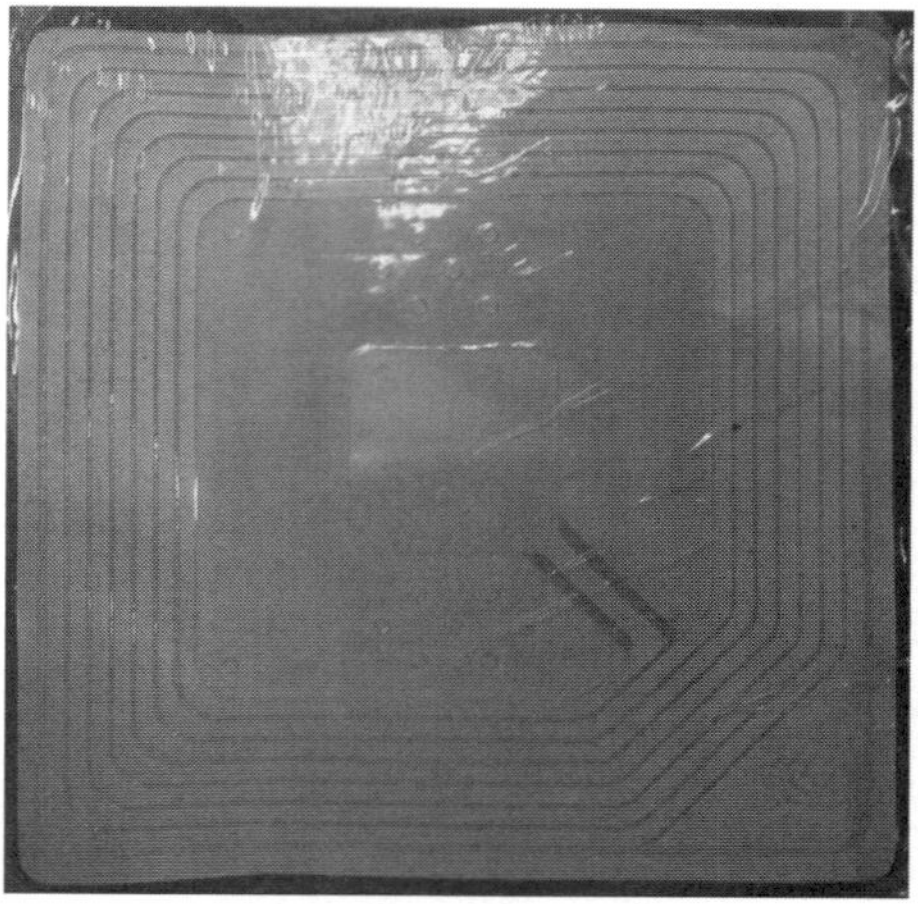

写真 1-15　RFID タグのコイル・アンテナ

応してしまうでしょう。そこで、わざわざ近距離でしか使えない設計にしているわけです。

商品管理に活躍するアンテナ

同じ仕組みを利用したシステムにＲＦＩＤ（Radio Frequency Identification）があります。直訳すると「電波による識別」です。その代表的な用途はＲＦＩＤタグで、これはさまざまな商品に取り付けられています。タグとは商品などにつけられる荷札のことです。

たとえば化粧品のパッケージで、渦巻き状のタグが付いているものがあります（写真１-15）。表面にはバーコードが印刷されているので、裏面からでないと見えないかもしれません。この渦巻きは薄いアルミ箔を使ったコイルです。ただしこの例は、ＩＣチップをもたない簡易タグなのでＩＤ（識別）情報は送れませんが、動作の仕組みは同じです。

コイルの中央には四角い金属平板があり、さらに薄いフィルムをはさんで、平板が向き合っています。二枚の金属平板の隙間には電気を蓄えることができます。これは電気部品のコンデンサと同じ働きです。また向き合った平板はコイルの端につながっていて、こちらは磁気が蓄えられます。つまりこのタグには、コンデンサによる電気と、コイルによる磁気との両方を、ある時間間隔で交替して蓄えることができるのです。

143ページでお話ししますが、電気と磁気は「振動」と考えることができます。この振動には共鳴あるいは共振とよばれる現象があって、コイルとコンデンサ（56ページ参照）の大きさで決まる特別な振動数のときに、共振してとても大きな電流が流れます。この現象によって、アンテナはより強い電波を出したり、反対に弱い電波を受けたりすることができるのです。

アンテナで万引き防止

ＲＦＩＤタグに流れる電気は、ある一定の振動数（周波数）で共振するようになっています。じつは同じような仕組みが万引き防止に利用されているのです。

店の出入り口に、時々ゲートがあるのにお気づきでしょう。ゲートはタグの共振周波数の電波を出すアンテナと、その電波を受信しているアンテナが向かい合っています（次ページ図1-14）。ゲートの送信アンテナは、枠の内側に沿った大きなループ（コイル）型で、一定の時間間

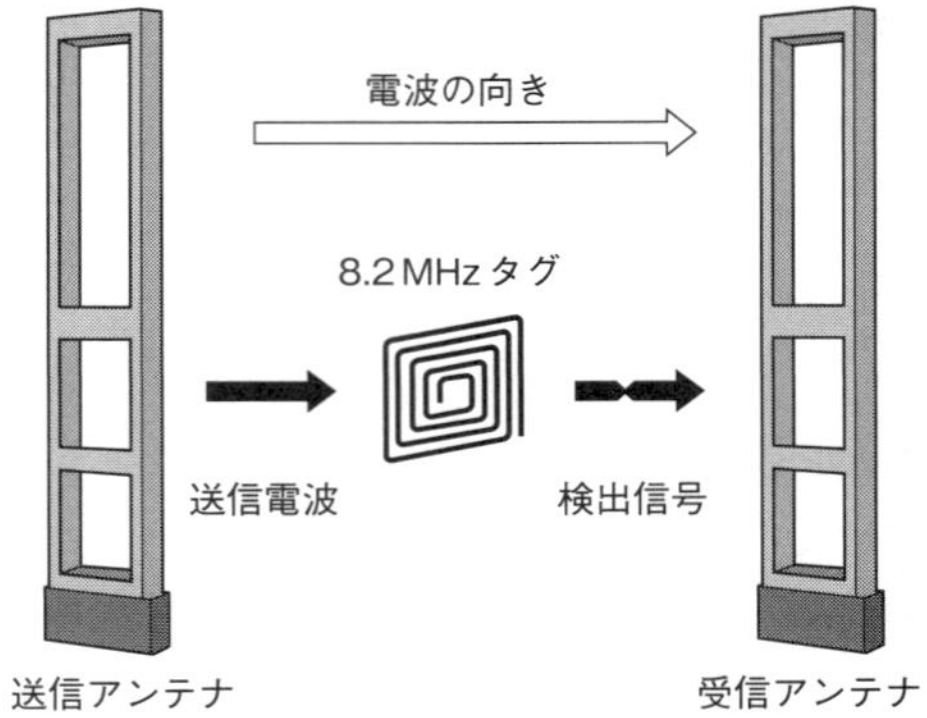

図1-14　万引き防止タグの仕組み

隔で電波を出し、もう一つのゲートで常にその規則的な信号を受信しています。ところが、もしもタグがついた商品がゲートを通ると、共振して受信状態が変化するため、それはタグがついたままの商品であることがわかるという仕組みです。

もちろん商品を購入したときには、タグを回収したり、レジに備え付けの装置で強い信号をタグに照射して、コンデンサが機能しなくなるようにしたりしています。これによって共振現象が起きないので、ゲートを通過してもタグは検出されなくなるというわけです。

万引き防止タグには、この他にも別の周波数を使ったいくつかの方式があり、電子式商品監視（ＥＡＳ：Electronic Article Surveillance）システムとして世界的に研究・開発がすすめられています。ＥＡＳを導入する店舗が増えているのは、万引きの損害がその費用をはるかに上回っているからと推測できます。

アンテナたちも決して楽しい仕事だと思っていないでしょう。

第2章 電波とは何か

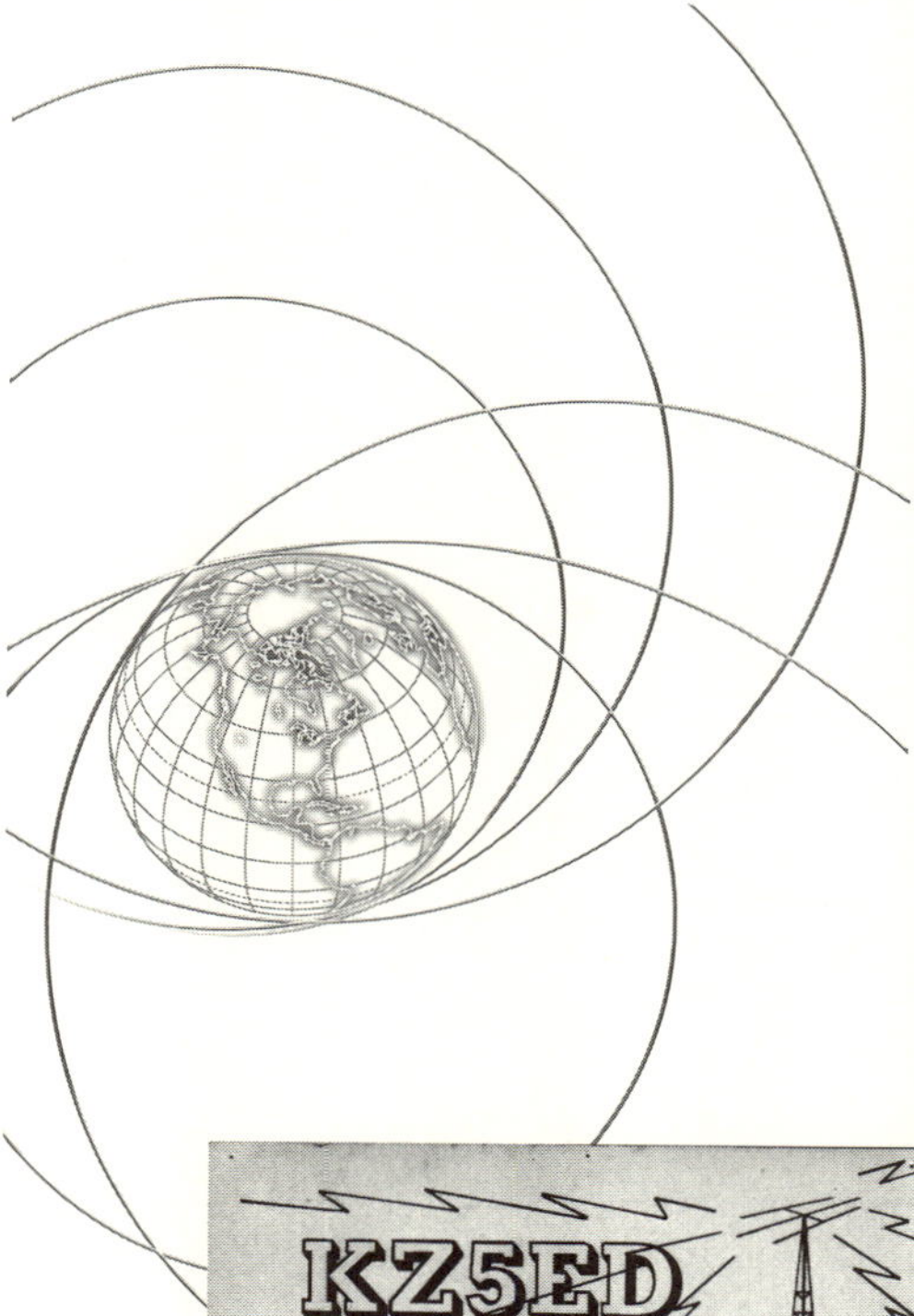

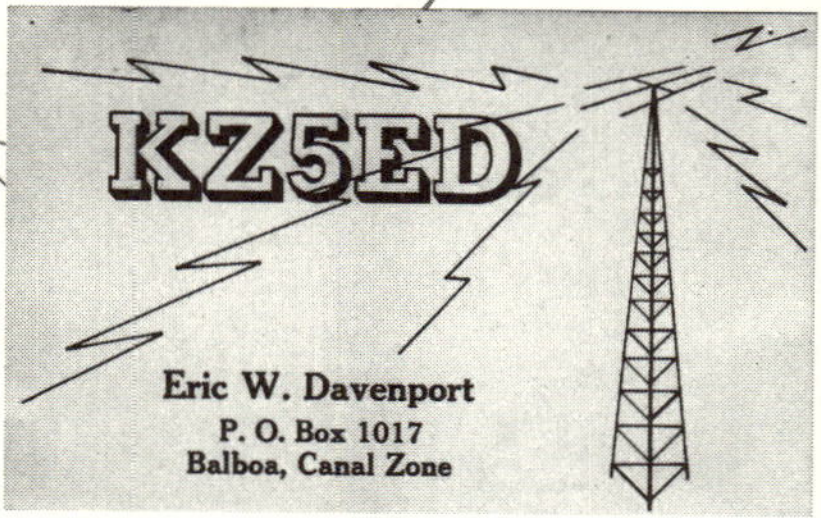
KZ5ED
Eric W. Davenport
P. O. Box 1017
Balboa, Canal Zone

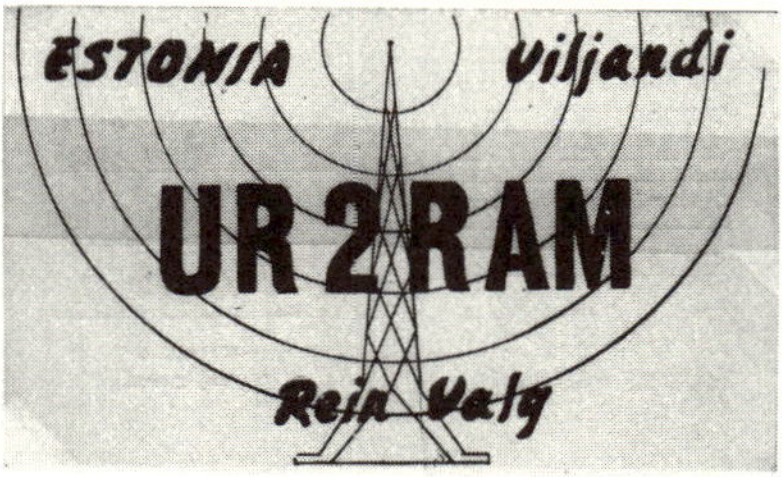
ESTONIA
Viljandi
UR 2 RAM

2-1 見えない電波は、どのように発見されたのか

静電気と磁気の発見

第1章でアンテナの形をいくつか紹介しましたが、もちろんアンテナの形にはこの他にもたくさんあります。当然のことですが、そのいずれもが、使う電波の周波数や強さ、アンテナの設置場所や使われる状況に合わせて、電波が効率よく送・受信されるように設計されています。

つまりアンテナを理解するには、電波のことをよく知る必要があるのです。そこでアンテナについてさらに話を進める前に、まず電波についてお話ししましょう。

そもそも目に見えない電波は、どのように発見されたのでしょうか。それは電気の研究の中での出来事でした。

空気が乾燥している冬、たとえばセーターを脱いだときにパチッと音がして、暗い部屋では火花が見えることもあります。これはポリエステルの下着とウールのセーターなどのように、異なる素材が擦れ合うことで発生した静電気によるものです。

こうした静電気現象のもっとも古い記録は、古代ギリシャの哲学者タレス（紀元前六二四〜前

五四六年頃）によるもので、毛皮でコハクを擦ると羽毛を引きつけることを発見したそうです。図２・１はギリシャの切手で、タレスと、コハクが羽毛を引きつけている様子が描かれています。しかし静電気が科学的に追究されるようになったのは、それから二〇〇〇年以上も経った一七世紀になってからでした。

一方、磁気の発見につながる事実も古くから記録されてきました。紀元前三〇〇年頃の中国では、すでに磁石が南北の方向を示すことが知られていたという説もありますが、一一世紀頃には、磁石の針を水に浮かべて方向を知る羅針盤が利用されていたようです。この羅針盤はアラビアをへてヨーロッパの船乗りの間にも広まりました。

図2-1　ギリシャの切手に描かれたタレス

電気研究のはじまり

では羅針盤の方位磁石は、なぜN極が北を指すのでしょうか？この疑問に初めて科学的な態度で取り組んだのがイギリスのギルバート（一五四四～一六〇三年）です。彼の本職は時の女王エリザベス一世の侍医でしたが、彼は医学以外にもいろいろなことを研究しています。

当時の船乗りの間では、方位磁石が示すのは北極星の方向だとさ

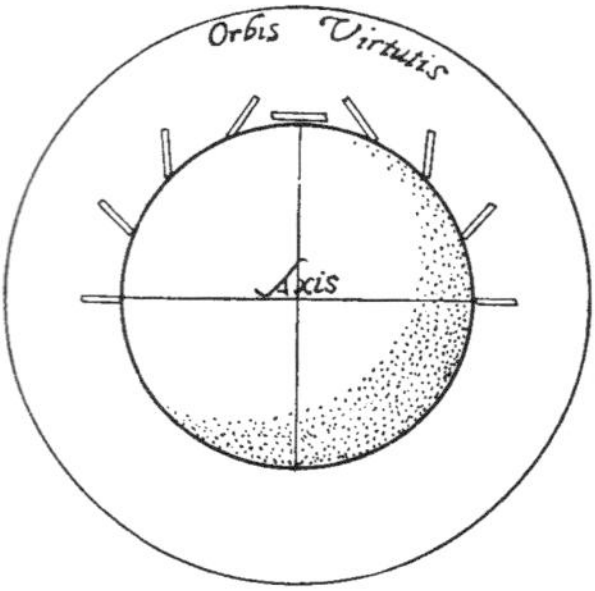

天地が赤道、左右が北・南極になる。

図2-2　球形磁石のまわりの棒磁石の様子

れていました。それなら船が北半球を北上していくと、磁針はN極を上にしてだんだん立ってくるはずです。ところが実際には逆で、磁針はN極が下がっていきます。

そこでギルバートは、地球に見立てた大きな球形の磁石を作り、その周りに小さい棒磁石を置いたときの様子を調べました。その結果、球形磁石の赤道では棒磁石は球形磁石の表面に平行になり、極に近づくにつれて傾きが大きくなることを発見したのです（図2-2）。こうしたことから、地球が巨大な磁石で、その磁極が地理上の南北両極近くにあると結論づけています。

ギルバートは静電気についても、いろいろなものを擦って、コハク以外にも同じ現象が現れるものがある一方で、現れないものもあることを発見しています。そして軽いものを引きつける静電気現象を、ラテン語の「コハク（エレクトルム：electrum）のような」から採って、エレクトリカ（electrica）と名づけました。これが英語の電気（エレクトリシティー：electricity）の語源です。

当初は電気が引き起こす力（静電気）と磁石が引き起こす力（磁力）は、同質のものか異質なものかが論争になっていました。

ギルバートより少し後のドイツのゲーリッケ（一六〇二〜一六八六年）は、電気には引きつけるだけでなく、はねのける力のあること、電気を帯びた物体（帯電体）のそばに帯電していないものを置くと、そちらも帯電する現象（静電誘導）もみつけています。そうした実験結果から磁気と電気は異質のものであると主張しました。

さらにその後の多くの研究者によって、電気と磁気の正体は、少しずつ明らかになっていきました。

コンデンサの発明と動電気の登場

ただし摩擦による静電気は、きわめて限られた量と時間しか利用できません。当時、静電気が時間とともになくなるのは、「電気の素」が空気中に逃げるためと考えられていました。そこでオランダのミュッセンブルーク（一六九二〜一七六一年）は、金属棒を差し込んだガラス瓶に水を入れ、水の表面を空気の通らない膜でおおって空気と遮断し、金属棒に静電気を送りこんでみました。すると金属棒に大量の静電気が貯まったのです。

さらにその後、水を入れる代わりに瓶の内外を金属箔でおおっても、同じ効果があることがわかりました。静電気を大量に貯める画期的なこの装置は、ミュッセンブルークが物理学教授を務めていた大学名にちなんでライデン瓶とよばれています（写真２‐１）。

このように電気を貯める機能をもったものをコンデンサ（蓄電器）といいます。コンデンサの仕組みの基本は、二枚の金属箔（板）が空気などの絶縁体をはさんで向き合っていることです。金属板の面積が大きいほど、また二枚の間隔が狭いほど、貯まる電気の量（電気容量）が大きくなります（図２‐３）。

写真 2-1　ライデン瓶

ちなみに帯電の素になる電気を「電荷」といいます。プラスの電荷とマイナスの電荷です。摩擦電気（静電気）は、ガラスや布のように、電気を通さない絶縁体同士を擦り合わせることで発生します。擦り合わせる前は、絶縁体のプラス電荷とマイナス電荷は同じ量だったのが、擦り合わせることで電荷の移動が起こり、結果としてプラスの量が多くなった場合にプラスに帯電し、逆の場合にマイナスに帯電したというのです。

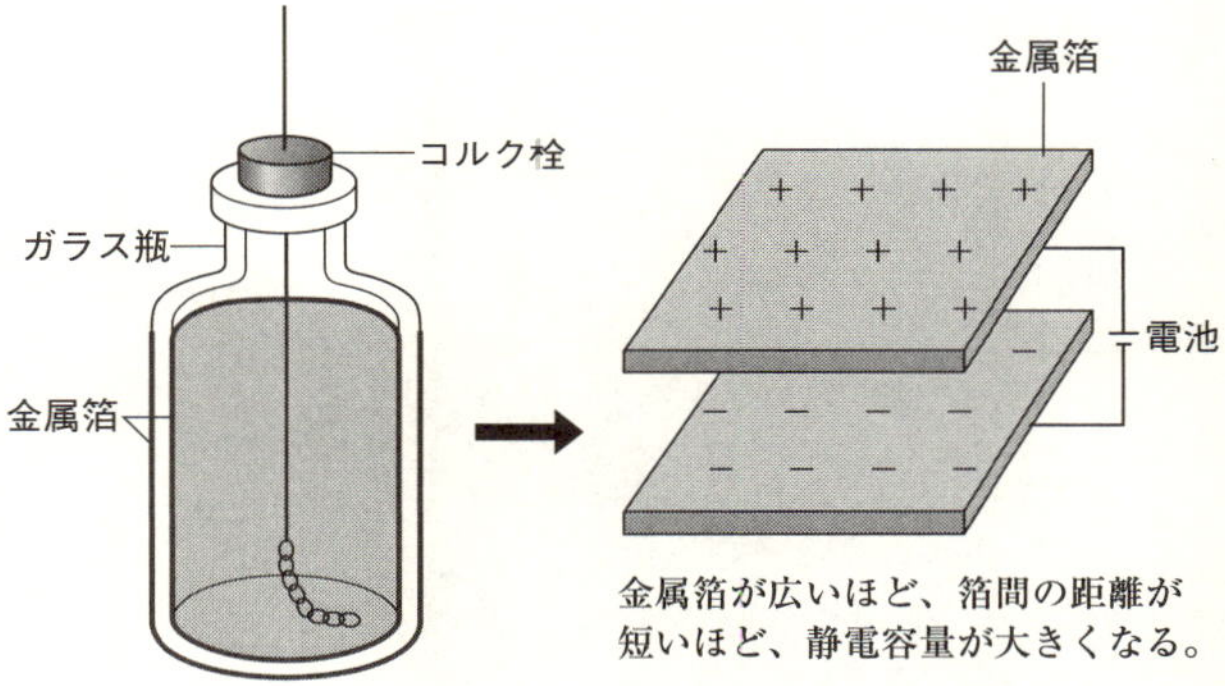
コルク栓
ガラス瓶
金属箔
ライデン瓶
金属箔
電池
金属箔が広いほど、箔間の距離が
短いほど、静電容量が大きくなる。
コンデンサの原理

図2-3　ライデン瓶とコンデンサの構造概念

ライデン瓶の発明で、電気の研究は大いに進みました。それをさらに加速したのが、イタリアのボルタ（一七四五～一八二七年）による電堆（写真２‐２）の発明（一七九四年）です。

ボルタの電堆は、現在の電池の元祖です。これにより、電気は、貯まっている分だけ一瞬に流れる静電気と異なり、連続して流れる電気（動電気）です。動電気

＋極に銅板、－極に亜鉛板を用い、これを交互に重ね、間に電解液としての硫酸を含ませた布を挟んである。

写真2-2　ボルタの電堆

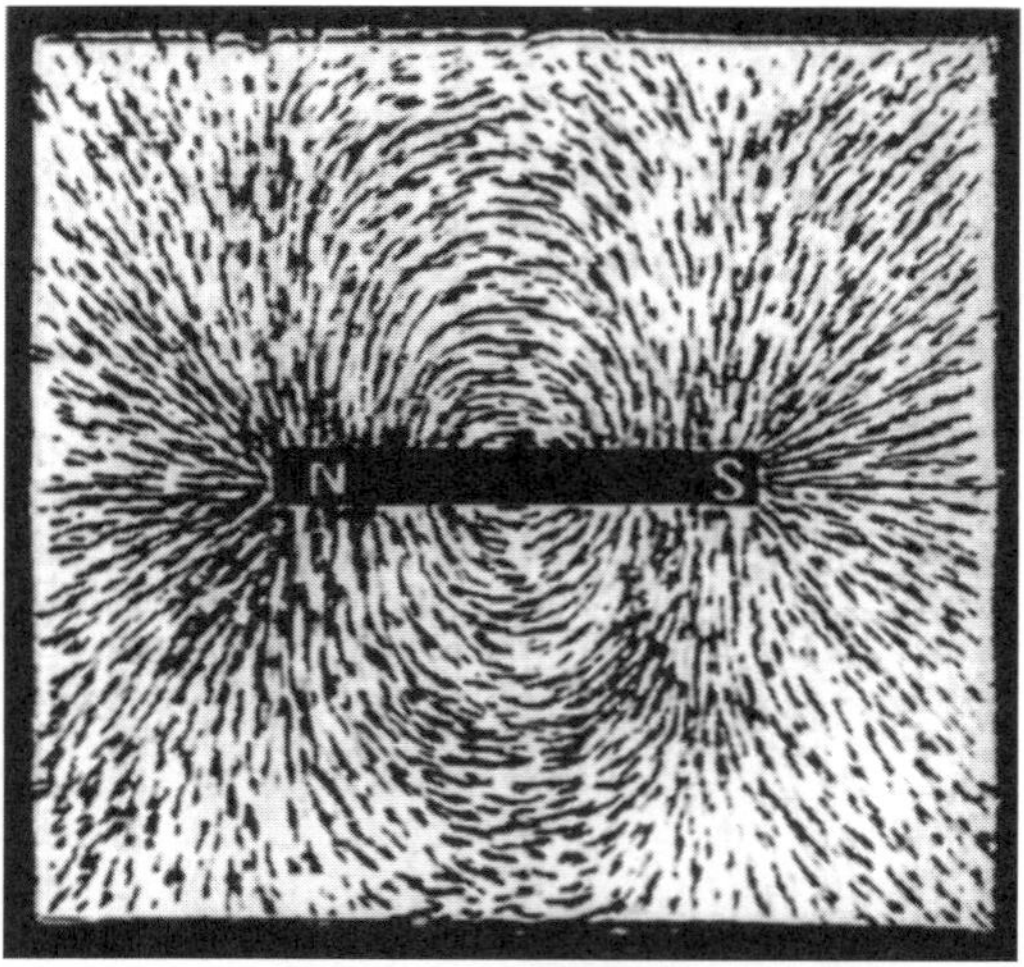

図 2-4　砂鉄が描く縞模様（磁力線）

の登場によって、電気の研究や利用が飛躍的に拡大していきました。

磁場と電場

小学校の理科の授業で、白い紙に砂鉄をまいて下から磁石をあてる実験をしたことがあるでしょう。砂鉄はN極とS極を結ぶ線に沿って縞模様になります（図2-4）。また、二つの磁石を近づけると、N極とS極は引っ張り合い、同極同士は反発し合います。さらに、異なる極を近づけると、二つの磁石が一つになったような縞模様ができます。

イギリスのファラデー（一七九一～一八六七年：写真2-3）は、棒磁石のまわりに働く磁力の様子を仮想的な線で示し、これを磁力線と名づけました（図2-5）。ファラデーは偉大な科学者でしたが、学校で正規の教育を受けておらず、自分の考えを数式ではなく、素直にわかりやすい絵で表現しています。

磁力線の向きはN極からS極へ向かいます。そして磁力の強さは、磁界の方向に垂直な面一平

写真2-3　ファラデー

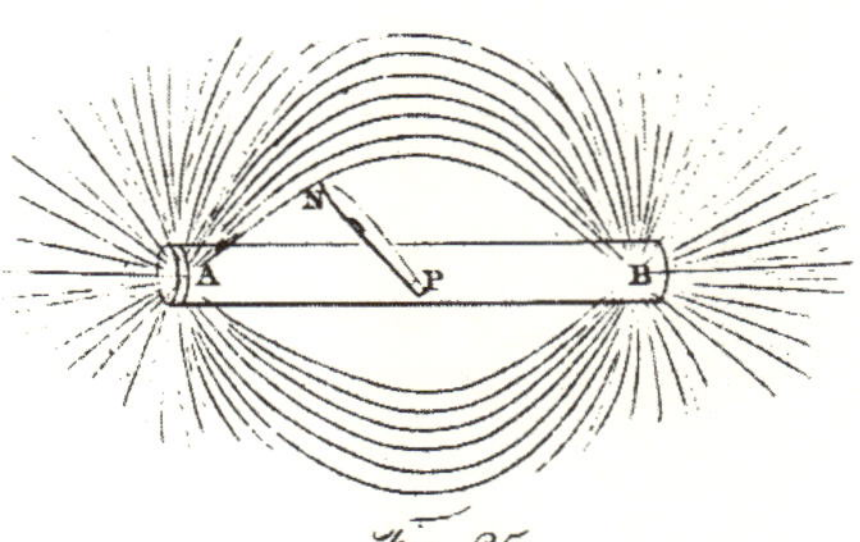

図2-5　ファラデーの描いた磁力線

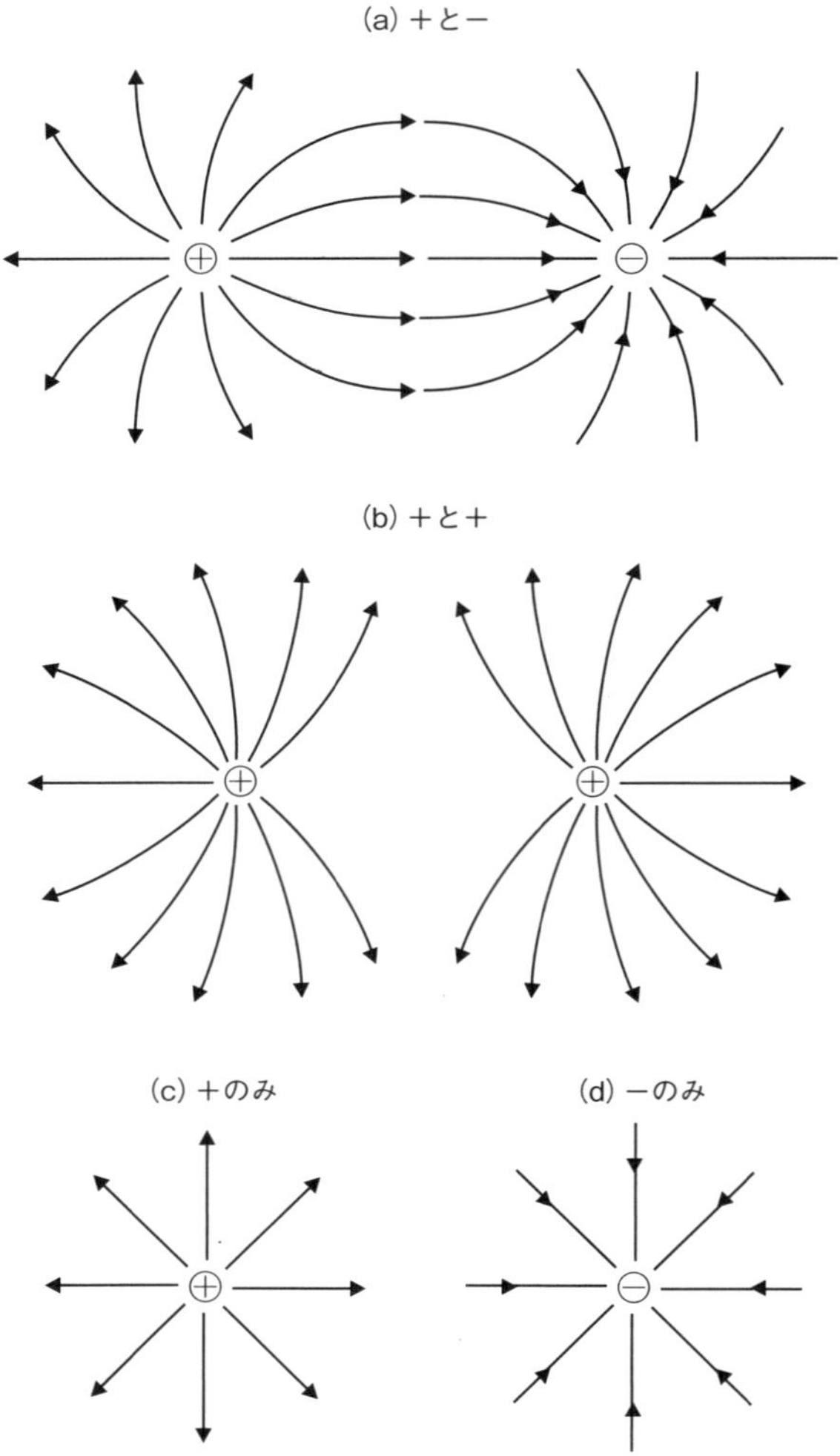

図 2-6　電気力線

方メートルあたりを通過する磁力線の数で示します。

磁気や電気の働きを見るときには、「場」という概念を使います。磁力が働く「場」を磁場（または磁界）といい、磁気的なエネルギーがある空間で、磁力線で表します。一方、電気が働く「場」は電場（または電界）といい、空間にできる電位の勾配のことです。電位とは、加えた電圧によるエネルギーが、空間のある位置でどれくらい強いかを示しています。磁場が磁力線で表すことができるように、電場は電気力線で表します（図２‐６）。

ちなみに、物が下に落ちるのは重力（引力）の働きによりますが、その重力が働く場は「重力場」といいます。重力場は磁場や電場に影響されませんが、磁場や電場は、重力場に影響されます。それを指摘したのが有名なアインシュタインです。

電気が磁気を作る

一八二〇年のある日のこと、デンマークのエルステッド（一七七七〜一八五一年）は、実験に備えて電池から電線に電気を流そうとスイッチを入れたり切ったりを繰り返していました。そのとき、たまたま近くにあった方位磁石の磁針が少し動いたのを、彼は見逃しませんでした（次ページ図２‐７）。

この現象についてエルステッドは、電気を流すと電線のまわりに磁気が発生し、その磁力で磁

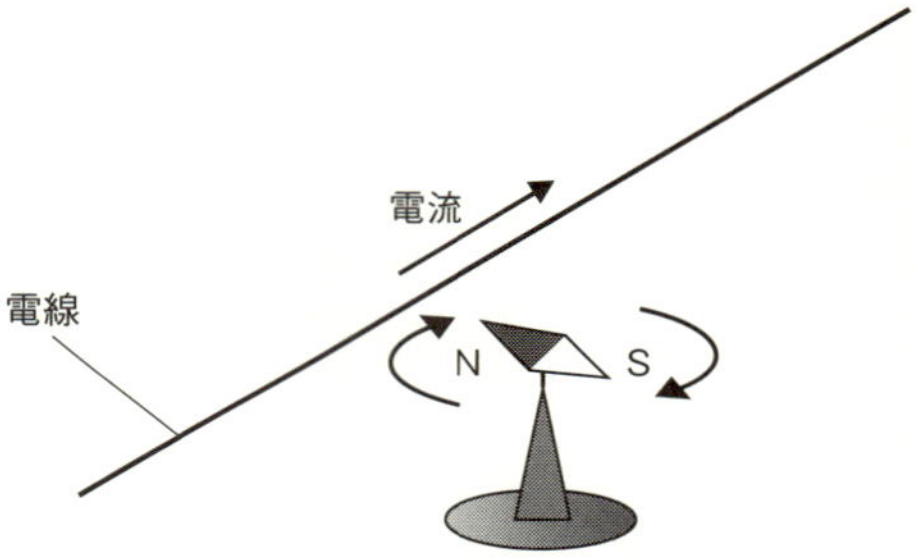

図 2-7　電流が方位磁石を動かす

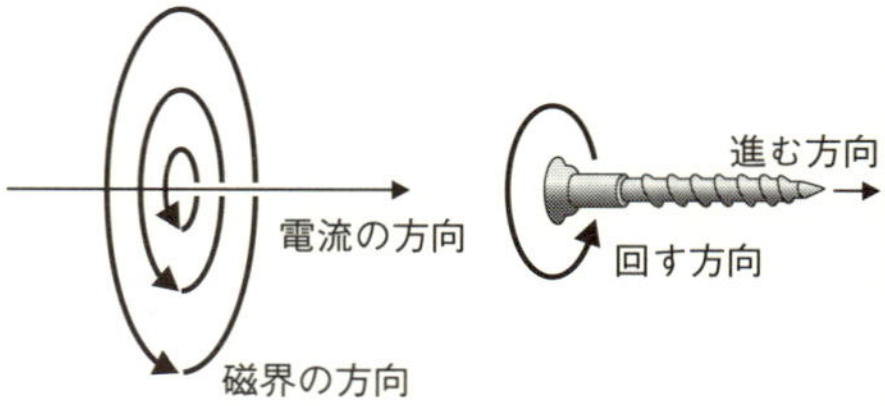

電流の方向と磁界の方向との関係は、ネジを回す方向とネジが進む方向との関係に同じ。

図 2-8　右ネジの法則

針が振れたに違いないと考えました。そして実験を繰り返し、ついに電流のまわりに磁力が発生することを発見したのです。

彼はこの現象について十分には説明できませんでしたが、その後の電磁気学発展のきっかけとなる発見でした。

エルステッドが論文を発表した一週間後、フランスのアンペール（英語読みでアンペア：一七七五〜一八三六年）が、電流によって生じる磁気は、電流の方向に対して直角面に右回りの方向にできることを見出しました。このアンペールの法則は「右ネジの法則」ともいわれています。工作部品のネジは、進む方向に対して右回りに切られています。つまりネジの進む方向に電流の向き、ネジの回転方向が磁力線の向きになるからです（図2‐8）。

アンペールの発見をもとに、その後、電流の向きや強さを測る検流計（ガルバノメータ）が作られました（図2‐9）。絶縁体の枠に針金が巻いてあり、電気を流すと中央に置いた磁針が振れるという簡単な構造です。

この原理は今日の電流計や電圧計にまで、広く応用されています。

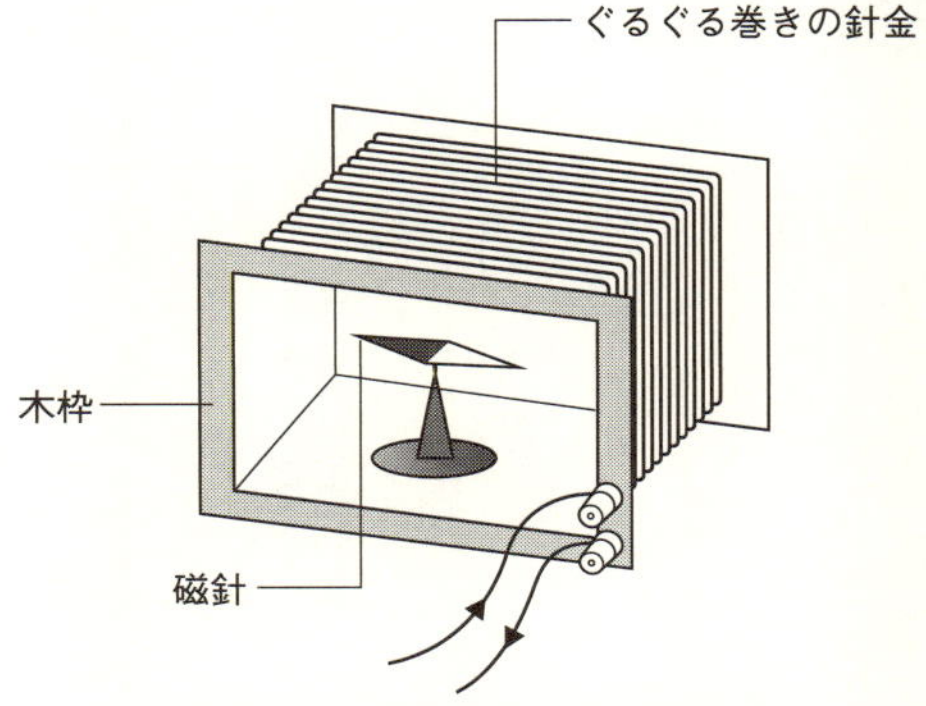

図2-9　初期の検流計の仕組み

磁気は電気を作る

磁力線を考案したファラデーは、エルステッドやアンペールによって明らかにされた、「コイルに電流を流すと磁力が発生する」ことから、逆に「コイルに磁石を近づけるとコイルに電流が流れる」のではないかと考えました。そこで棒磁石をコイルの中で出し入れして、電気が発生するかどうかの実験をしてみたのです（次ページ図2‐10）。

棒磁石がコイルから離れていると、検流計の針は中央で止まっています（同図a）。しかし棒

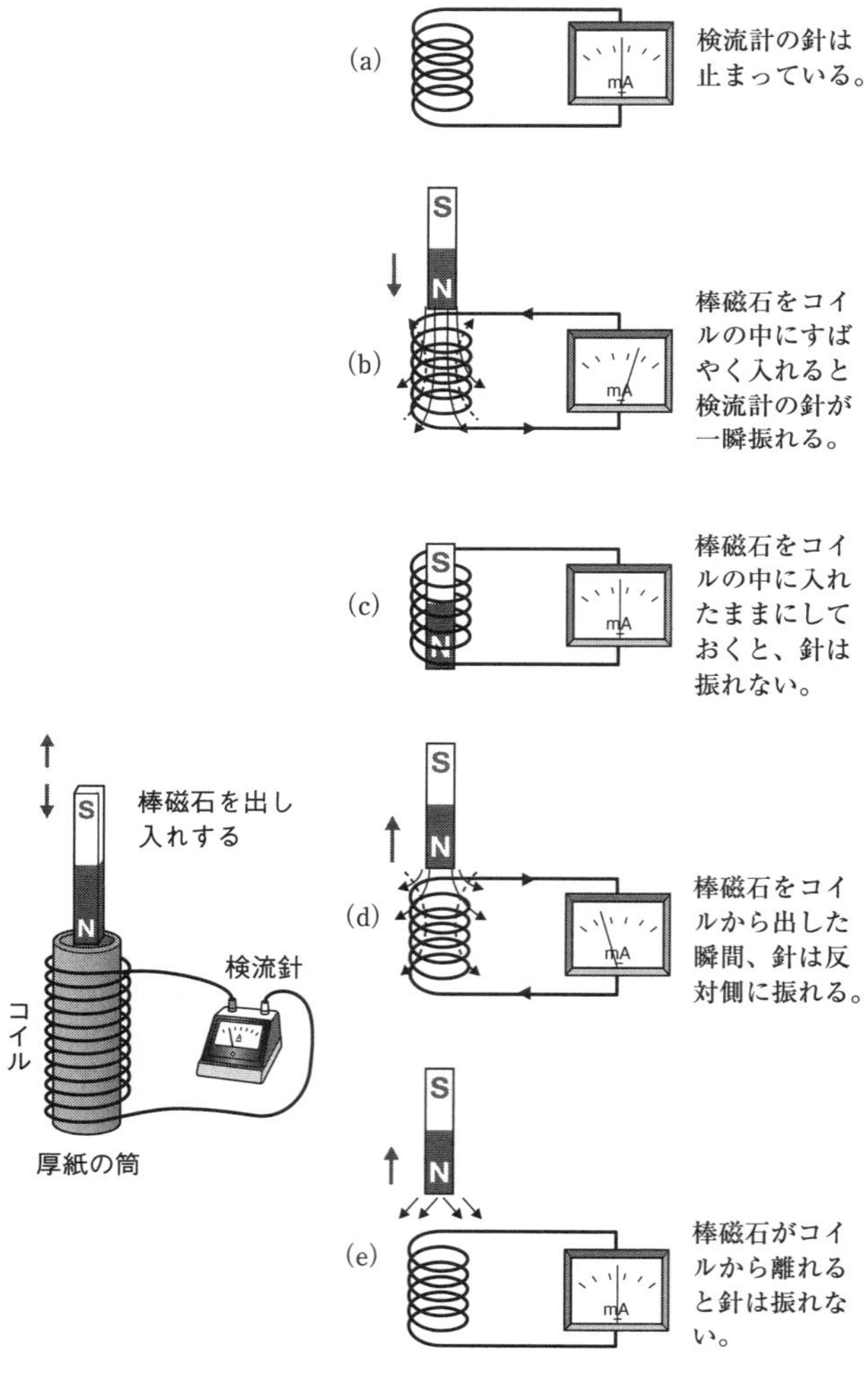
(a)
mA
検流計の針は止まっている。
S
N
(b)
mA
棒磁石をコイルの中にすばやく入れると検流計の針が一瞬振れる。
S
N
(c)
mA
棒磁石をコイルの中に入れたままにしておくと、針は振れない。
S
棒磁石を出し入れする
N
検流針
コイル
厚紙の筒
S
N
(d)
mA
棒磁石をコイルから出した瞬間、針は反対側に振れる。
S
N
(e)
mA
棒磁石がコイルから離れると針は振れない。

図2-10　コイルに磁石を出し入れすると電流が流れる

磁石をコイルの中にすばやく入れると、その瞬間に針が振れ、すぐに中央に戻ります（同図b）。コイルに入れた磁石をそのままにしておくと、針は振れません（同図c）。次に棒磁石をコイルからすばやく出すと、その瞬間に針は反対側に振れ、すぐに中央に戻ります（同図d）。そして棒磁石がコイルから離れると、やはり針は振れません（同図e）。

こうして、棒磁石を出し入れした瞬間にコイルに電流が流れること、さらに棒磁石の出し入れが速いほど大きく針が振れる、すなわち大きな電流が流れることがわかりました。

これは磁場が動けば電場が生じ、その場の強さは、動きの速さによって変わることを示しています。このような現象は今日、電磁誘導とよばれています。

写真2-4　ファラデーが手作りしたコイル

エルステッドからアンペール、ファラデーへのみごとなリレーで、電流のまわりに磁力（磁界）が発生すること、磁気が動くと電気が流れることが発見されたのです。

ファラデーは手先が器用で、さまざまな実験器具を手作りしています。子供の頃から鍛冶屋の父を手伝っていた彼にとって、手巻きのコイルのような実験器具を作るのは、しごくたやすいことだったのでしょう（写真2-4）。

図2-11　ピクシーの交流発電機

電磁誘導の様子

電磁誘導は、ファラデー以後も多くの科学者によって、より詳しく研究されていきました。そしてドイツ（現在のエストニア）のレンツ（一八〇四～一八六五年）が、「電磁誘導によって生まれる電流は、磁束の変化を妨げる方向に流れる」（レンツの法則）ことを突き止めました。

もう一度図2-10を見てください。同図bで磁石をコイルに近づけるとコイルの中の磁力線が増加します。このときコイルには、この磁力線（図ではコイルをくぐる実線）を打ち消すように逆向きの磁力線（同じく点線）が発生し、誘導電流が流れます。次に同図dで磁石をコイルから引き抜くと磁力線が減ります。すると今度は、磁力線を増すように先ほどとは反対向きの磁力が発生し、コイルには逆方向の誘導電流が流れているのです。

ファラデーが電磁誘導を発見した翌年の一八三二年、フランスのピクシー（一八〇八～一八三五年）が、その原理を応用した手回しの発電機を作りました。コイルの下で永久磁石を回し、コイルの中を通る磁束を変化させることで発電します（図2-11）。
ピクシーの発電機で生まれる電気は、レンツの法則によってプラスとマイナスの電圧が交互に現れる交流です。電池による直流に加えて、変化する交流が私たちの前に現れたのです。そして、交流を手に入れたことで、その後の電波技術への道も拓けたのです。

電磁波を予言したマクスウェル

イギリス（スコットランド）のマクスウェル（一八三一～一八七九年：写真2-5）は、彼自身が発見した「変化する電界が磁界を作る」という法則と、「変化する磁界が電界を作る」というファラデーの法則を組み合わせて、「はじめに電界の変動があれば、それは磁界を作り、それがまた電界を作り……というように電界と磁界が交互に相手を作りながら、波（正弦波）となって空間を伝わっていく」と考えました。これが電界と磁界の波、つまり電磁波です。

写真2-5　マクスウェル

さらにマクスウェルは、この振動の伝わる速度を理論的に計算し、秒速三億一〇六七万八五九二メートル

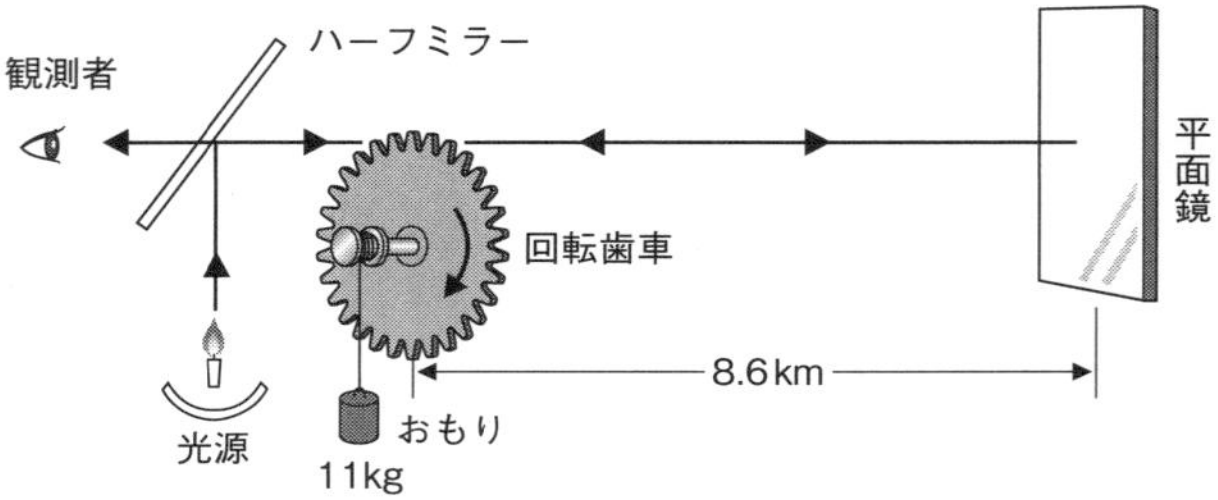

図2-12　フィゾーによる光速測定方法

になるとしました。

じつはこれより一〇年ほど前の一八四九年、フランスのフィゾー（一八一九〜一八九六年）が精密な実験で光の速度を求めています。

フィゾーは、図2-12に示すような装置を使い、光が光源から平面鏡まで進んで反射して戻るまでの時間で光の速度を測定しました。歯車がゆっくり回っているときは、歯がまだ光源からの光を遮っている間に光線が戻るので、観測者は光線を見ることができません。しかし回転速度を上げていくと、光線は歯の隙間を抜けて観測者に届きます。このとき歯車の回転が速いほど、歯に遮られることでできる光の断片（パルス幅）は短くなります。そしてある回転速度のときに、光が途切れることなく見えるようになります。つまり歯の隙間が次の歯の隙間に替わる短い時間に、光線が往復の距離を進んだのを確かめることができたのです。

フィゾーは、歯車の回転速度と歯数からこの短い時間を計算し、光線が進んだ距離をこの時間で割って、秒速三一万三〇〇〇キロメートルとしました。光源がロウソクであることを考えれば、彼の測

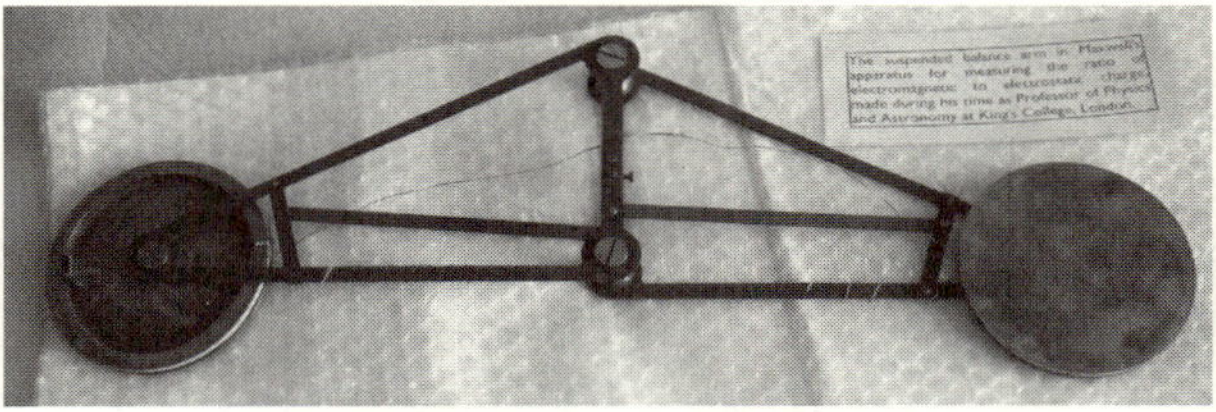

写真2-6　マクスウェルの光速測定装置

定精度には驚くほかありません。

マクスウェルは、フィゾーの実験結果に近い値が得られた自分の仮説を確信し、一八六四年に「光は電磁波の一種である」という「光の電磁波説」を提唱しました。

マクスウェルの実験器具

一般に物理学者は理論仮説を実験で慎重に確かめながら新しい発見に到達するのですが、マクスウェルの発見は、純粋に数学的思考で新たな世界を拓くという、物理学史のなかでもたいへん稀なケースといえるでしょう。

ただし、マクスウェルは理論的考察だけでなく実験もしていました。たとえば写真2-6は、彼の論文にも描かれている実験装置の実物の一部で、筆者らの友人がイギリス北部エジンバラのマクスウェル協会で撮影したものです。マクスウェルは、この装置での実験と電気と磁気の関係式から光の速度を得たといわれています。

ちなみに現在、真空中の光速度は秒速二億九九七九万二四五八メートルと定義されています。一般には3×10^8m/sが使われ、「一秒間に地球を七回り半できる速度」と学んだことがあるでしょう。78ページで述べるように電波も光と同じ電磁波の一種ですから、その速度も光と同じと覚えておいてください。

写真2-7　ヘルツ

ヘルツ・ダイポール

マクスウェルが予言した電磁波は、彼の死後わずか九年後の一八八八年に、ドイツのヘルツ（一八五七〜一八九四年：写真2-7）が、その存在を実証しました。ヘルツは電磁波をどのようにして捉えることができたのでしょうか。

筆者らは、以前ミュンヘンの国立ドイツ博物館を訪れたことがあります。そこはドイツ国内にとどまらず、技術・科学の世界最高の国立博物館とされています。朝からその広い展示場をくまなく見て回るうちに、ある展示物に目が釘づけになりました（写真2-8）。ヘルツが作ったダイポール・アンテナ（ヘルツ・ダイポール）です。

下段の展示物は、中央の隙間（ギャップ）を挟む小さな二つの金属球から伸びる導線の端に、

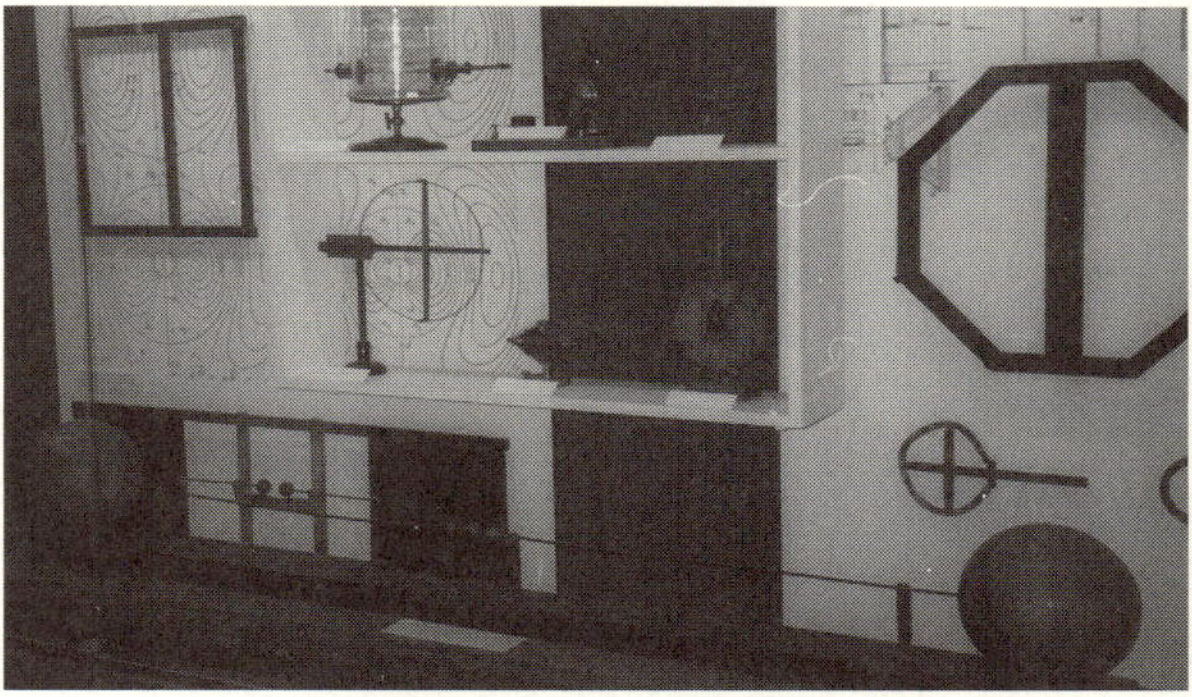

写真2-8　ヘルツ・ダイポール

それぞれサッカーボールくらいの金属球体がついています。小さな金属球と導線との接続点は高電圧を発生する誘導コイルにつながっていて、両金属球に電力が供給されます。両端の大きな金属球はコンデンサの役割を果たし、電荷がたっぷりたまります。そこで小さな金属球の間のギャップ（隙間）に火花放電が発生し、電磁波を送り出すという説明です（次ページ図2-13）。

電波の発見

ダイポールのダイ（di）とはギリシャ数詞の二、ポール（pole）は「極」で、つまり長い導線の両端にある二つの球（極）をもったアンテナという意味です。ヘルツ・ダイポールは「ヘルツ発振器」ともよばれ、今日の送信機と送信アンテナに相当します。

ヘルツはこのようなダイポールを、電流の断続器と組み合わせた誘導コイルにつなぎ、断続的な火花放電を起こす

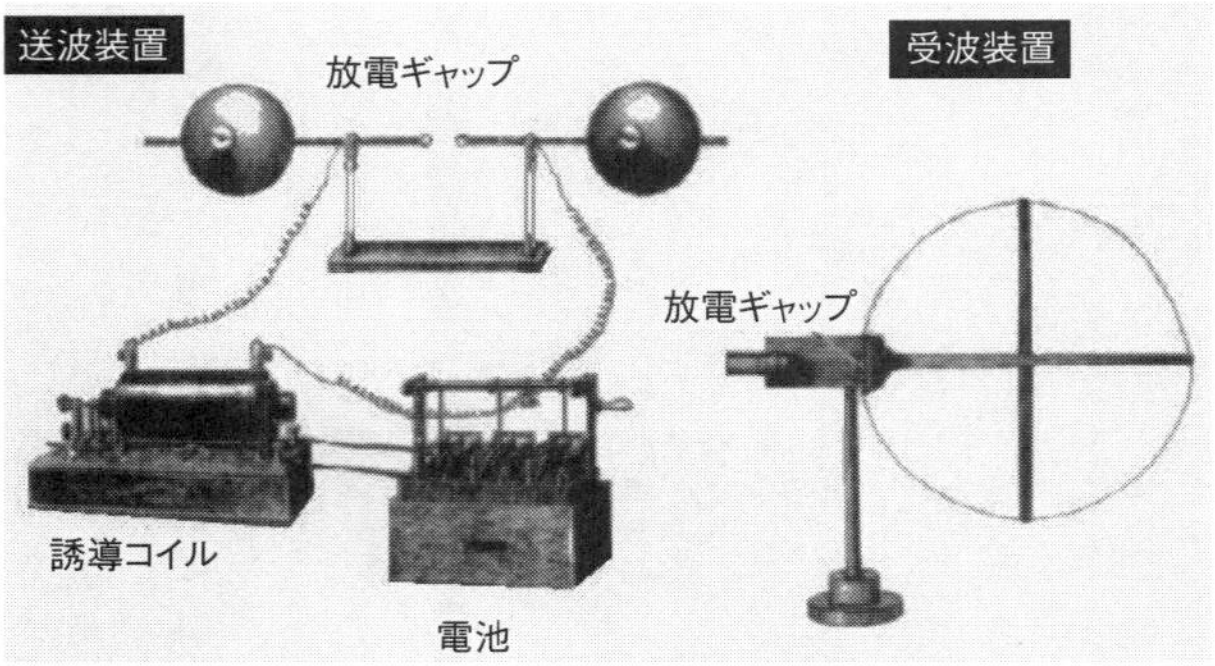

図 2-13　ヘルツの送波・受波装置

実験をしていました。

誘導コイルは、鉄芯に巻いた一次コイルの上に、さらに二次コイルが巻いてあります。一次コイルを電池につなぐと、誘導起電力で二次コイルから、一次コイルとの巻回数の比に比例した大きな電圧を取り出せます。その大電圧によって、ダイポールのギャップに火花放電が起きます。

ただし一次コイルに電池からの直流電流を流したままでは、鉄芯を貫く磁束が一定なので誘導起電力は発生しません。そこで電流の断続器によって一次コイルに流れる電流をON／OFFすると、そのたびに磁束変化が起きて二次コイルに高圧を発生させることができます。

その実験の最中にヘルツは、ダイポールの火花放電に合わせて、たまたま近くに置かれた方形コイル（113ページ参照）のギャップにも、火花が出るのに気づきました。

そこで方形コイルの大きさや位置、向きを変えてみると、コイルが特定の大きさのとき火花が強くなり、またコ

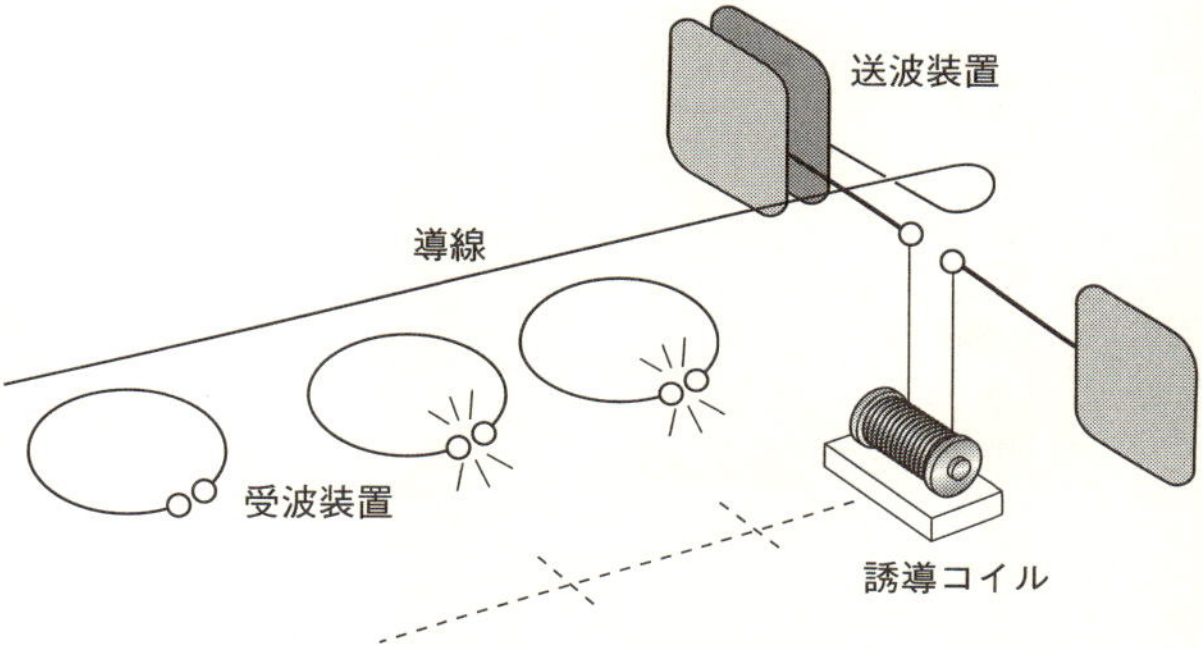

図2-14　ヘルツによる波長測定法

イルの向きによって火花が生じたり生じなかったりしました。さらに方形コイルをダイポールから離していくと、一定の距離ごとに火花が強くなりました。

これをマクスウェルが予言した電磁波の形（正弦波）から考えると、火花が強くなるのは波のもっとも振幅の大きい点で、火花が飛ばないのは波の節目になります。

波長の測定

さらにヘルツはある実験をしました。

送波装置の片側の平板に平行にもう一つ平板を置き、そこから導線をまっすぐ一二メートル引き出します。この直線導線沿いに受波装置を移動させて、導線のまわりの電波の強さを調べたのです（図2-14）。受波装置を移動させると、火花の強弱が周期的に現れました。そして二・三メートル、五・一メートル、八メートルのところでは火花が出ませんでした。

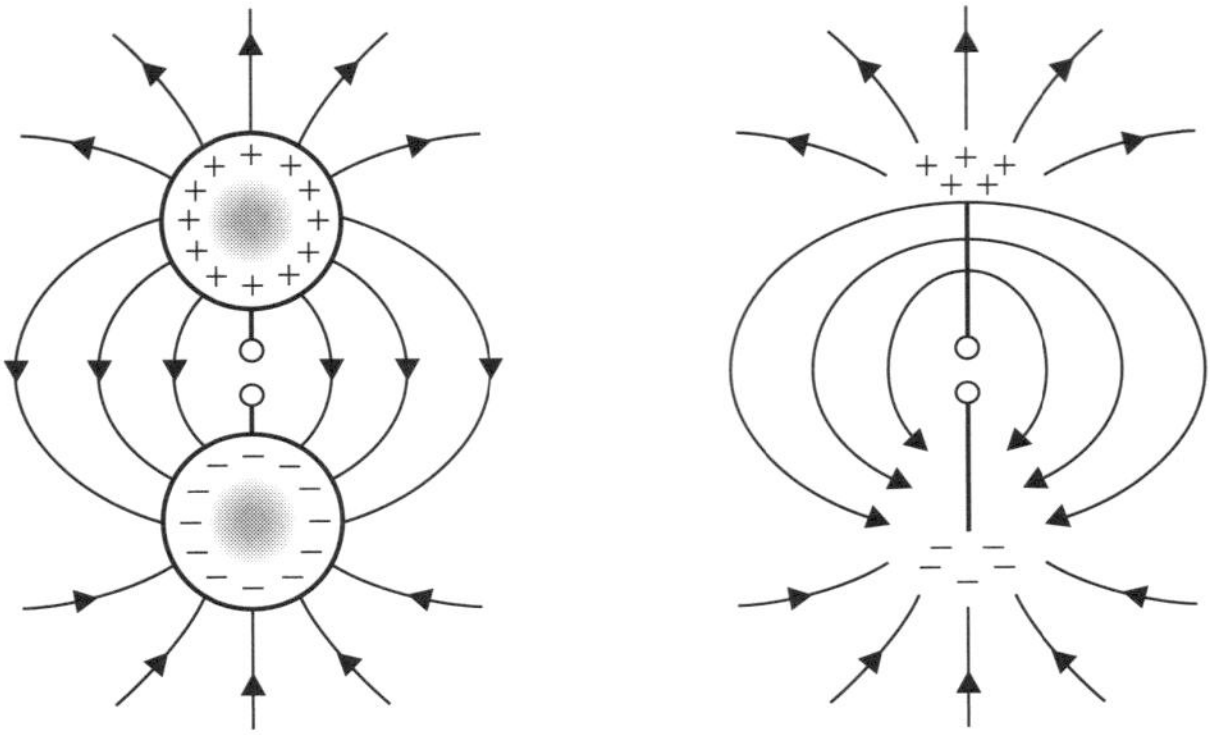

a：上の極が＋、下が－になった瞬間。

b：1本の針金でも電界のでき方は同じになる。

図2-15　ヘルツ・ダイポール近傍の電界

波のでき方でこの現象を考えれば、間隔は波長の半分のところで起きていることになります。火花が出ない位置の間隔は半波長で、平均すると二・八五メートルでした。そこでこの電波の波長は約五・七メートルであることがわかります。

このようにしてヘルツは、火花放電によって周波数の高い電磁波が得られることを発見しました。マクスウェルが予言した電波の存在を見事に実証したのです。マクスウェルはわずか四八年の生涯でした。もう少し長生きしていれば、きっとヘルツの実験成功に狂喜したことでしょう。

電波の広がり

ヘルツ・ダイポールで火花放電が起きたとき、装置近くの電界（電気力線）は図2-15aのようになっています。ヘルツ・ダイポールでは大きな

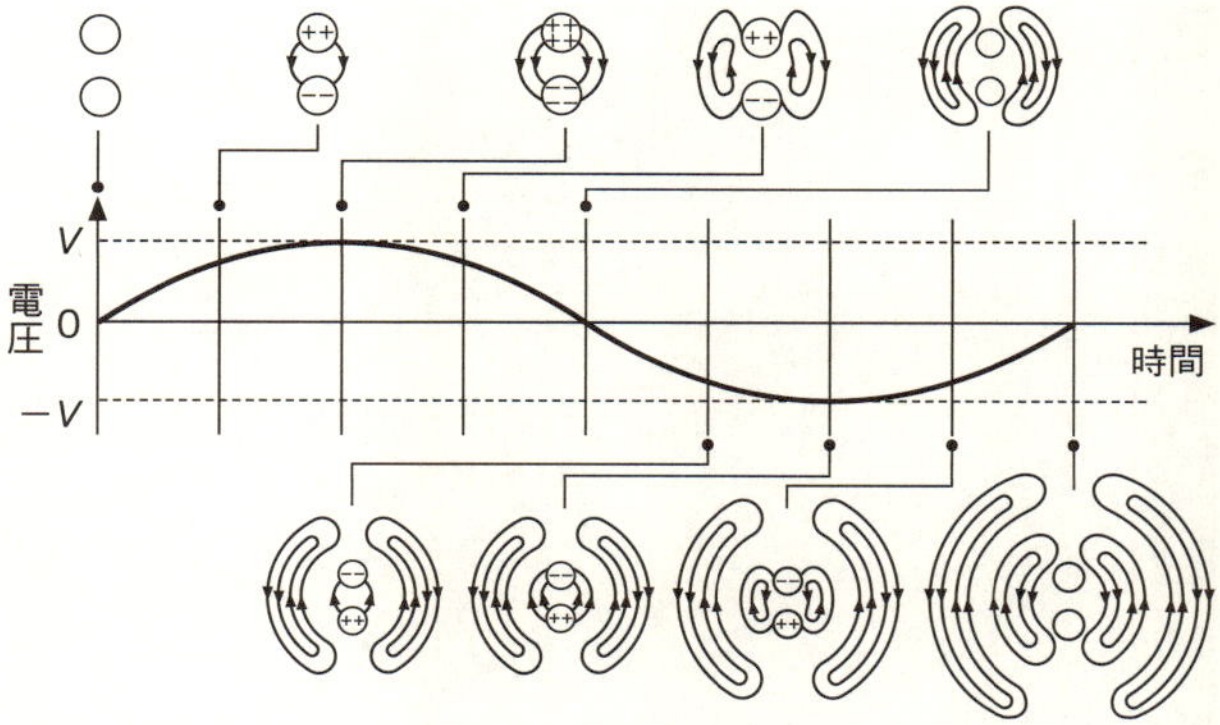

図2-16　ヘルツ・ダイポールから広がっていく電界

金属球がついていて、それがコンデンサになって大きな電力をギャップに送り込みますが、じつは金属球がない一本の針金でも、電界のでき方は同じです（同図b）。

それでは、その先に広がる電界の様子はどうなっているのでしょうか？

ヘルツ・ダイポールに高周波の電気を加えると、電気力線は図2・16のように広がっていくと考えられます。ここでは一周期分の様子を描いていますが、プラスとマイナスの電荷を結んだ電気力線が、タバコの煙を吐き出すように空間に放射されていく様子がわかります。この電気力線のループ（環）は、時間が経つにつれてどんどん大きく空間に広がるので、電気エネルギーが遠方へ伝わっていることが想像できるでしょう。

アンテナ周辺の電界

ヘルツ・ダイポールのまわりのある瞬間の電界と磁界

図 2-17　広がっていく電界のベクトルと強度

の様子を、パソコンソフトによるCGで描いてみました（図2‐17／18）。ただしオリジナルのCGはカラーですが、ここではモノクロで示します。左下の絵柄は三次元軸を表しています。上のバーは電界や磁界の強度を示しています。モノクロではははっきりしないのですが、右端から左へ弱くなっていくことを示しています。

図2‐17は電界の様子で、真ん中の二つが金属球（ダイポール）です。まわりの空間を細かく分け、それぞれの部分の電界の大きさと向き（電界ベクトル）を小さい円錐で描いています。電界の大きさは円錐の大きさで表し、向きは頂点方向で示しています。

それらの円錐をつなげていくと電気力線をたどることができ、これは図2‐16の電気力線に対応しています。図2‐16は、わかりやすくするため

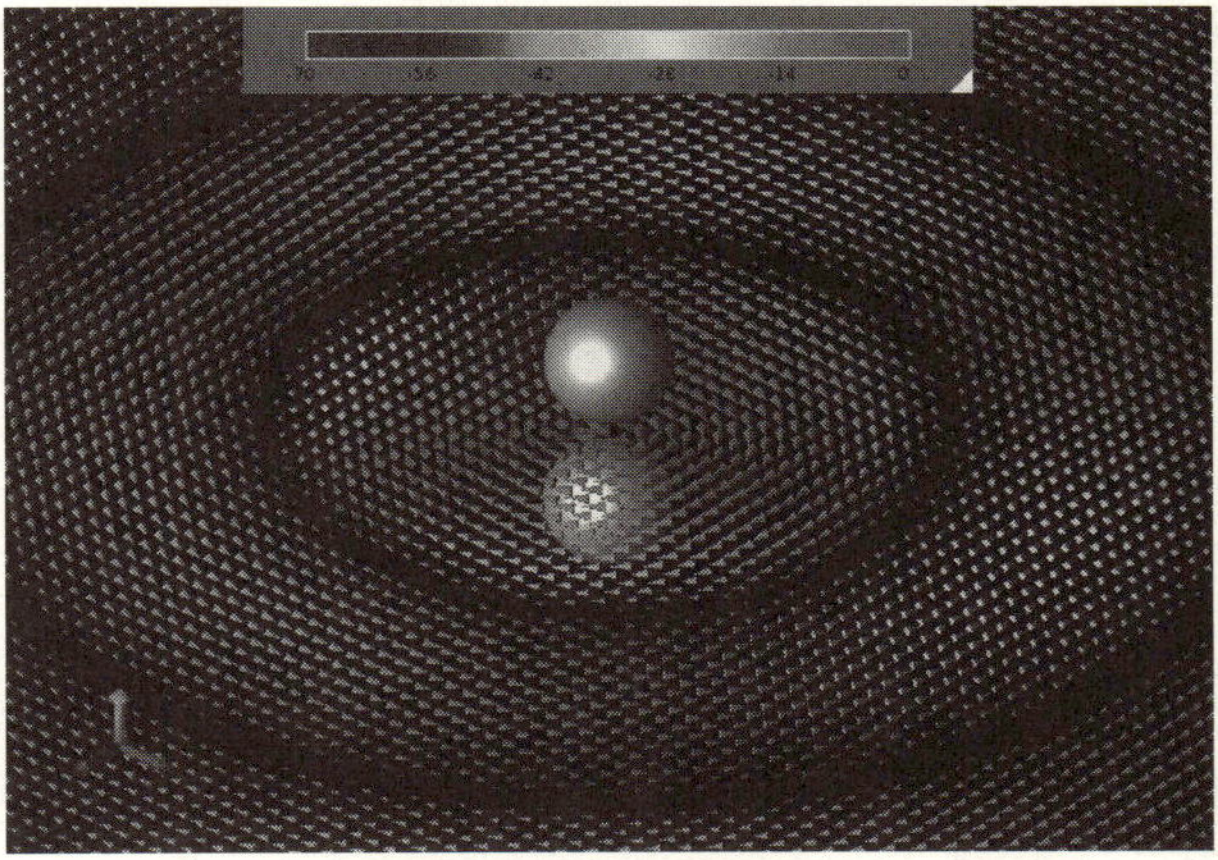

図 2-18　広がっていく磁界のベクトルと強度

に電気力線の一部だけを描いていますが、実際は図2-17に示すように、複雑な分布になっているのです。

図2-17に示す瞬間では、小さい円錐は下の金属球表面から垂直に出て、上の金属球表面に垂直に入っています。電気力線はプラスの電荷からマイナスの電荷へ向かうので、この瞬間には、下の金属球表面のほとんどがプラスに、上の金属球表面はマイナスに帯電していることがわかります。

また、その先の空間ではプラスからマイナスに向かう電気力線が、ループ（環）になって広がっていく様子がわかります。

アンテナ周辺の磁界

図2-18は磁界の様子です。図2-17とは異なり、二つの金属球のギャップを直角に横切る面を

見ています。したがって下の金属球は面の下側にあります。

こちらも電界と同じように、小さい円錐形で磁界ベクトルを表しています。アンテナから直角方向に、アンペールの法則（62ページ参照）にしたがったループ（環）状の磁力線ができていて、そのまま遠方に向けて広がっているのがわかります。

磁力線は右回りと左回りが交互に変化しています。その境は磁界がゼロになるので、CGでは黒いループになっています。磁界ゼロの位置は、ちょうど二分の一波長離れるごとに現れます。ただしアンテナのごく近傍の電界や磁界の振る舞いは、まだ詳しく解明されていません。どこに最初の電界や磁界が現れるかは、近似値的にしかわからないのです。

磁界はもともとループなので、そのままでも空間に広がりそうですが、磁界と電界は必ず相伴っているので、電界のループができることで、電磁波の移動がはじまると考えられます。

光も電波も電磁波仲間

マクスウェルが予言し、ヘルツが実証したのは「電磁波」ですが、アンテナが受け取るのは「電波」です。そこで両者の違いをはっきりさせておく必要があるでしょう。

「電波」とは「電磁波の内で光より周波数が低いもの」ですが、じつはその境界に具体的な数値は決まっていません。しかし電波は社会インフラなので、法的に定義する必要があります。日本では電波法によって「三〇〇万メガヘルツ以下の電磁波」とされています。一〇〇万メガとは一〇の一二乗ですから一秒間の振動数が三兆回にもなります。これ以上の周波数の電磁波は赤外線、可視光線、紫外線、X線、γ（ガンマ）線とよばれています（図2-19）。

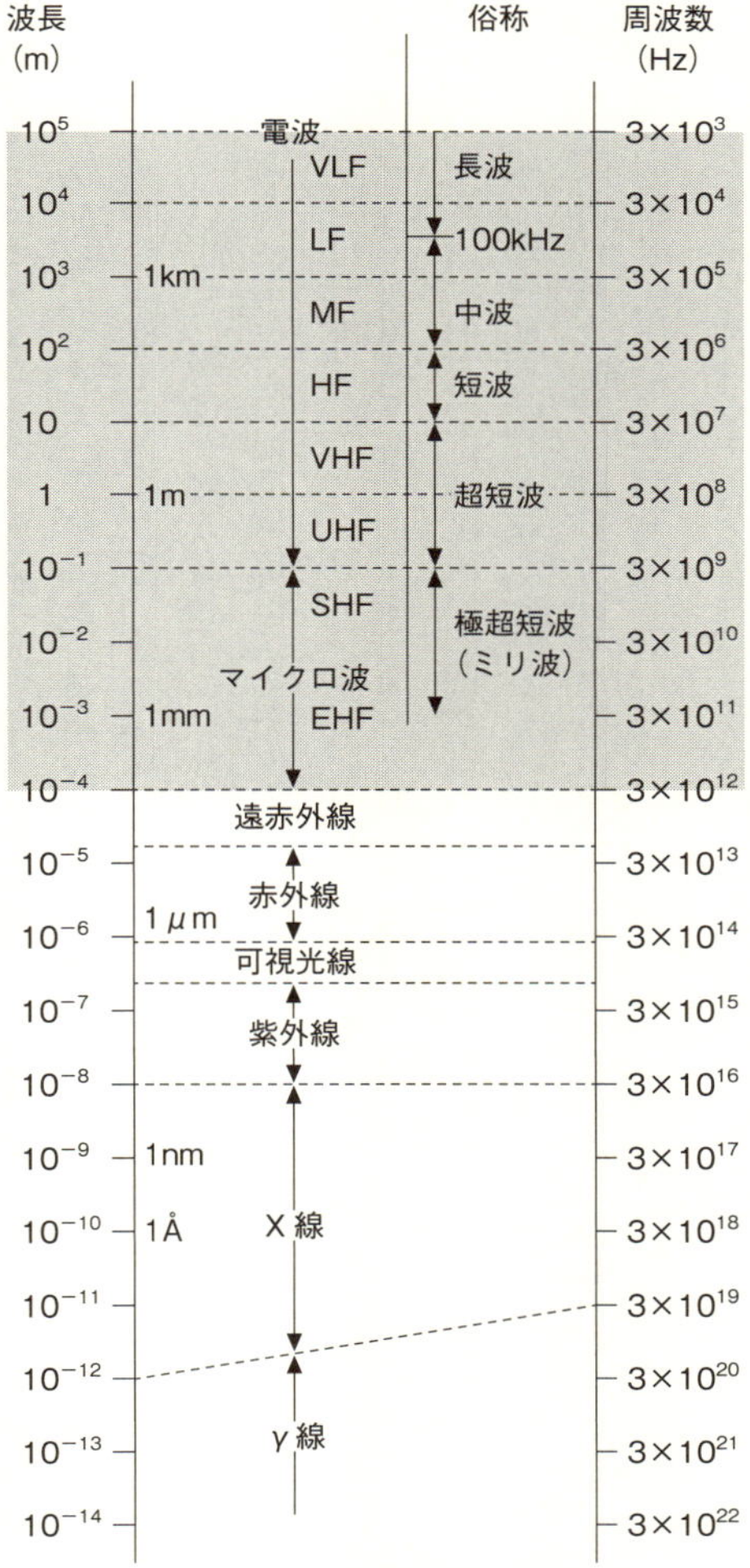

図 2-19　電磁波の分類

つまり、マッチやロウソクの炎が発する光（可視光）も電磁波の一種で、その意味ではロウソクも電波の発信アンテナ、それを見る目やカメラは受信アンテナということになります。

すべての物体は原子の集まりで、原子は原子核（プラス電荷）と電子（マイナス電荷）とから成り立っています。物体が熱せられるとこれらの原子が激しく振動するので、電荷もやはり振動します。そこで「電子の振動は電磁波を発生する」ということになり、光（電磁波）を発するというわけなのです。

さらに、物体の温度が高くなるほど電子の振動は激しく（周波数が高く）なり、波長が短くなります。そこで、ある一定の温度以上になると、その物体から発生する電磁波がちょうど可視光の波長になって見えるということなのです。第1章（17ページ）で述べたように、実際に電磁波の一部である可視光を受け取る反射望遠鏡の原理は、やはり電磁波の仲間の電波用のパラボラ・アンテナに応用されています。

2-2 「波」としての電波の性質

電波と音波

電波はマクスウェルが予言したように電磁波の一種です。電磁波は文字通り「電界」と「磁界」の「波」ですが、同じ物理現象の「波」としては音波もあります。それでは電波の波の動きは、音波の動きと何が違うのでしょうか。

音波は空気や水など（媒質という）の振動が伝わっていきます。つまり、媒質がなければ波は伝わらないのです。これに対して電波は媒質が必要ありません。それどころか媒質のようなものはむしろ邪魔者で、たとえば水中では電波は伝わりません。ですから「何もない」宇宙空間は、むしろ電波が伝わりやすい環境です。何光年も離れた宇宙のかなたの電磁波を捉えることができるのはそのためです。

ちなみにマクスウェルの時代には、光（電磁波）もエーテルまたはイーサ（æther）とよばれた媒質の振動として伝わると考えられていました。

エーテルはとても小さく固い粒で、重さがないために非常に速く動くことができる。空間を隙間なく埋めつくしているエーテル同士がぶつかり合って、次々と運動が伝わっていく。この運動の伝わりが光ではないだろうか、というわけです。

しかしエーテルの存在は、一八八七年にアメリカのマイケルソン（一八五二〜一九三一年）とモーリー（一八三八〜一九二三年）の歴史的な実験により、完全に否定されてしまいました。ただし「イーサ」という言葉だけは今日まで生き延びています。コンピュータ・ネットワークの規格で、世界中のオフィスや家庭で一般的に使用されているＬＡＮのうちの、もっとも使われている技術規格の名称（イーサネット）です。

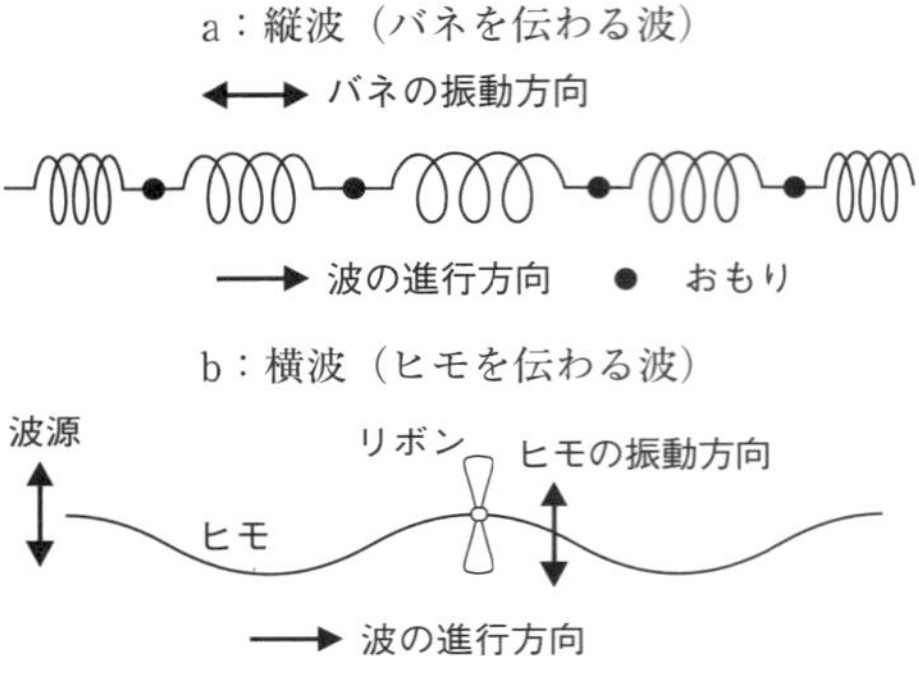
a：縦波（バネを伝わる波）
バネの振動方向
波の進行方向
おもり
b：横波（ヒモを伝わる波）
波源
リボン
ヒモの振動方向
ヒモ
波の進行方向

図 2-20　横波と縦波の違い

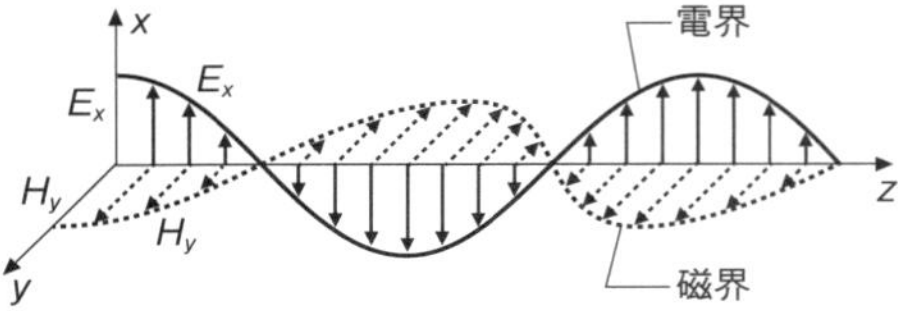
x
電界
E_x
E_x
H_y
H_y
z
y
磁界

図 2-21　電界と磁界の「波」の概念

縦波と横波

また、波には進行方向の前後に振動する「縦波」と、垂直に振動する「横波」があって、音波は縦波、電波は横波という違いもあります。

縦波と横波をわかりやすいモデルで示したのが図２‐20です。バネとおもりを連ねた仕組みの振動が縦波（同図ａ）、一端を固定したヒモの振動が横波です（同図ｂ）。

音波は空気などがバネのように前後

方向に振動する縦波です。一方、電磁波はヒモのように電界と磁界が振動しながら、その振動に対して垂直の方向に進む横波として伝わっていくのです。

図2-21は空間を伝わる電磁波を描いています。進行方向に垂直な波面上の x 方向に変化する電界（——）と、y 方向に変化する磁界（……）が直交しています。それぞれの波の山や谷はそろっており、これを平面波とよんでいます。

おもしろいことに、アンテナの近くにできる電界と磁界の分布は、あとで述べるようにアンテナの種類によってそれぞれ異なります。しかしそこから遠く離れた空間では、すべてが図2-21のように伝わると考えられます。電波の発生源（アンテナのタイプ）は違っていても、空間を伝わる電波の特徴はただ一つなのです。

偏波の発見

写真2-9はヘルツが作った装置です。光を凹面鏡で反射させて集中する天体望遠鏡のアイデアをもとに、ダイポール・アン

写真2-9　ヘルツの反射板つきアンテナ

テナの背後を、ゆるやかに曲げた金属板で囲っています。金属凹面は電波を特定方向へ絞り込んで送り出すガイド（案内板）として働きます。

ヘルツはこれを送波装置と受波装置とし、六六センチメートルの波長の電波を使うと、二〇メートル離れていても受波できることを確認しました。

さらにヘルツは、送波装置と受波装置を互いに直交させると、まったく火花が観察されないことも発見しています。

この結果からヘルツは、電波が音波のような縦波ではなく、特定方向に偏って振動している横波であることを知りました。

電波の偏り（偏波という）とは電界の振動の向きをいいます。たとえばダイポール・アンテナを大地に対して垂直に置くと、発生する電波の電界ベクトルも垂直で、これを垂直偏波といいます。これは、ダイポール・アンテナの両端に分布する異符号の電荷間にできる電波の電位差、すなわち電界ベクトルが、大地に対して垂直方向に変化していることを意味しています。またアンテナを大地に対して水平に置くと水平偏波になります。

第1章でコードレス電話の親機のアンテナを垂直にする必要があるといいました。それは子機の使用時には、そのアンテナが垂直になるので、親機から受け取りやすい垂直偏波を発信してもらうためです。

波の移動とは

ここで注意してほしいことがあります。もう一度82ページの図2 - 20を見てください。波の進行は、振動するバネやヒモ自体が進んでいくのではありません。振動だけが伝わっていくのです。つまり波は、振動のエネルギーだけを伝えていて、その伝える方向が波の進行方向として現れているのです。

たとえば音波は縦波で、窒素や酸素、水素などの媒質の分子が音波の伝わる方向の前後に振動しています。このとき分子は、それ自体が先へ進むわけではなく、その位置で前後に振動しているだけです。その振動が隣の分子を振動させ、さらにその隣の分子を振動させ……と伝わっていくのです。

電波も、アンテナ付近で最初に生まれた電界や磁界がそのまま移動していくのではありません。エネルギーの移動によって、その先に新たな電界や磁界が生まれていくのであり、生まれていく方向が進行方向というわけです。

なお、波としてもっともわかりやすい水面にできる波も、この点は同じです。池に石を投げると波紋が広がりますが、水面上にある落ち葉などは、波紋といっしょに外側へ移動することはなく、上下に揺れるだけでその場にとどまります。

ただし水面にできる波は、縦波でも横波でもなく、「表面波」という別の振動です。ここでは触れませんので、物理の教科書などで確かめてください。

電子の流れ

ちなみに電線に電流が流れるのは、電線の金属にある自由電子が動くからだと学びます。たしかに電線の金属原子のまわりの自由電子が動いています。しかし、それぞれの電子が一瞬のうちに長い電線内を移動するわけではありません。

豆電球に電線をつけて電池につないだとします。このとき電線（金属）は電子で満たされているので、電池から電線に新たに入った一個の自由電子が、すぐに電球に到達するわけではありません。電線内にもとからあった電子を次々に押し出すようにして、あたかも一瞬のうちに電球まで移動したように見えるのです。超高速で進むドミノ倒しのイメージです。

電波（電磁波）も「空間」という名の電線を伝わる電気と考えれば、やはり電界（電場）と磁界（磁場）が隣へ「場の変化」を伝えていると考えられます。つまり3×10^8m/sという光速で伝わるのは「波の変化」であって、そこにある電子が旅しているわけではないのです。

電波は稲妻か波紋か？

(a)

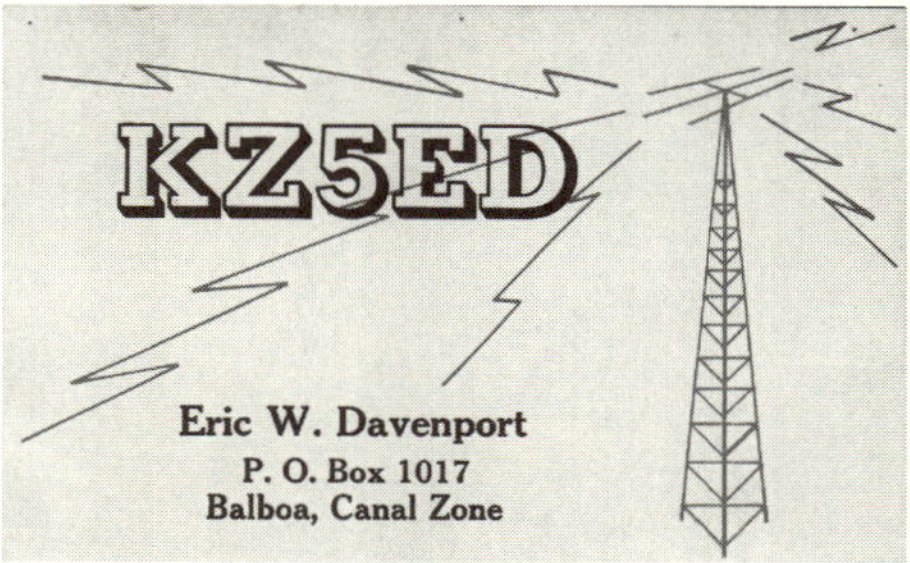

(b)

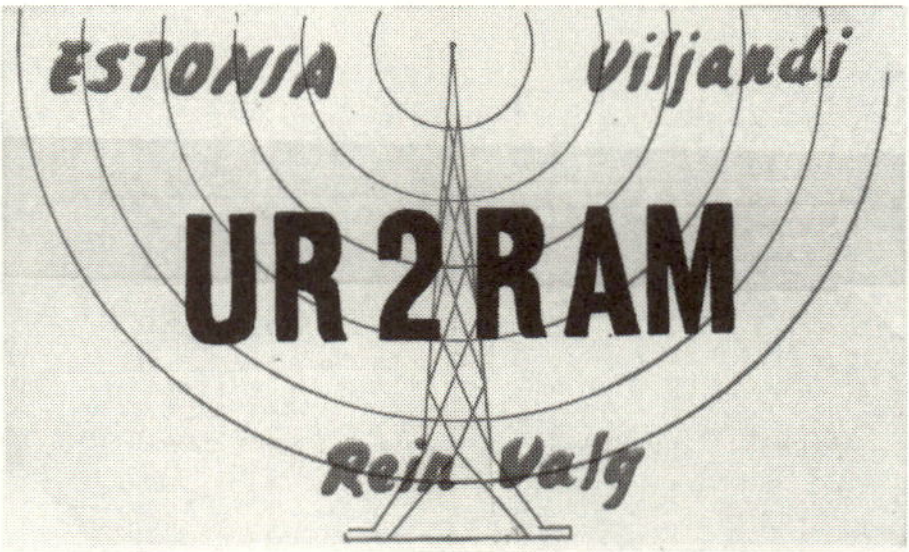

電波はどちらのイメージか？

写真 2-10　QSL カード

筆者らの趣味はアマチュア無線で、国内はもとより遠い異国の仲間との交信を楽しんでいます。交信した相手とは、交信したことを証明するQSLカードを交換することもあります。QSLとは無線通信で国際的に使われているQを頭文字とする三文字の略記号（Q符号）の一つで、「受信証を送ります」または「送信内容を了解しました」という意味です。

Q符号は他にもQRA（貴局はどなたですか？／こちらは○○です）、QRV（貴局は用意できましたか？／こちらは用意できました）など数多くあります。

写真2-10は筆者らがもらったQSLカードです。二枚ともタワーの頂上から電波が出ているイラストがあしらわれていますが、同写真aは電波を稲妻形で表現しています。一方、同写真bは、電波が先端から波紋のように広がっています。電波は見えないので確かめられません。いったいどちらが正しいのでしょうか?

アンテナ周辺の磁界と電界

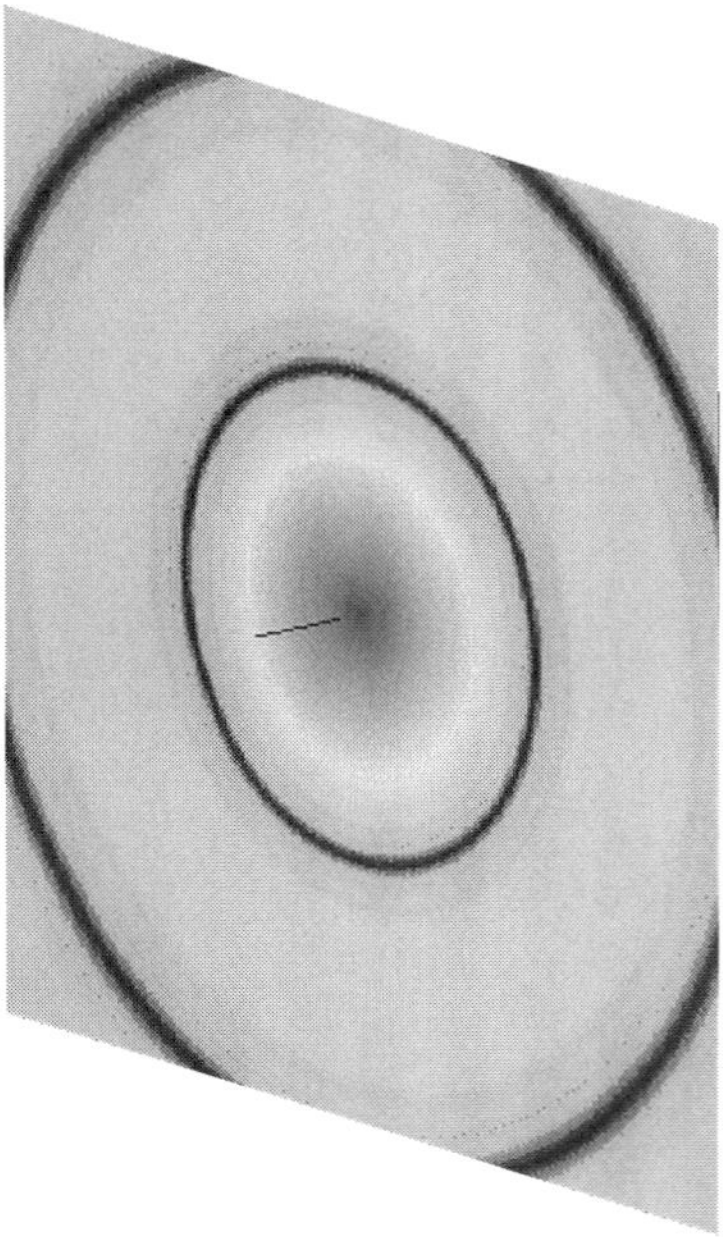

図2-22　ダイポール・アンテナから広がる磁界強度

ダイポール・アンテナに高周波を加えると、アンテナのまわりには電界と磁界が生まれます。

図2-22は、ダイポール・アンテナのエレメントを中心にした垂直面に広がる磁界の、ある瞬間の強さを描いたCGです。左手前に突き出ている細い棒がエ

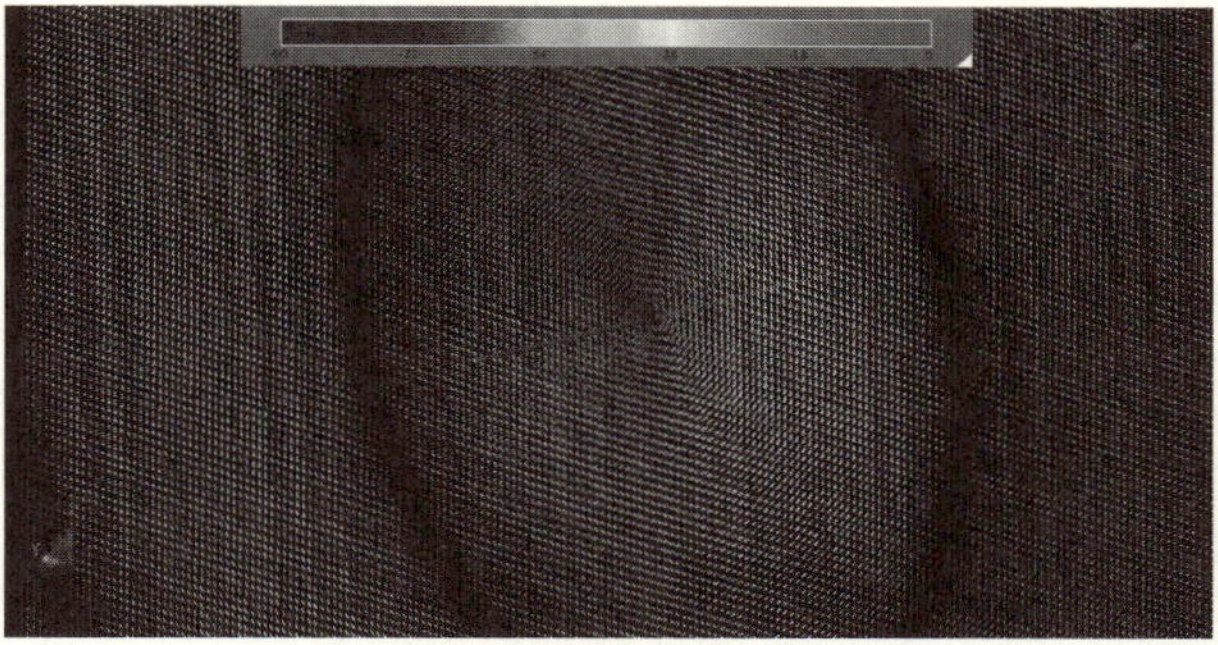

エレメントの中央を垂直に横切る磁界で、左下向きに伸びているのがエレメント。磁界の向こう側は白く表されている。

図2-23 ダイポール・アンテナから広がる、ある瞬間の磁界ベクトル

レメントで、それを中心に波紋が円形に広がっていることがわかります。

モノクロでは分かりにくいのですが、エレメントのすぐ近くは、もっとも磁界が強い領域です。そしてエレメントから遠ざかるにつれ、磁界はだんだん弱くなり、黒いリングは磁界の強さがほぼゼロになっている領域です。

磁界の強い領域と弱い領域は、交互に波紋のように広がっていて、最初の弱い領域と次の弱い領域との距離は、ちょうど波長の半分になっています。

次に図2-23は、同じ磁界（磁力線）を小さい円錐形（磁界ベクトル）の連なりで示しています。

この印刷でも円錐形が細か過ぎてわかりにくいのですが、もとのCGでそれぞれの向きをたどると、エレメントのすぐ近くでは左回りになっており、その強さは中心から離れるにつれて弱くなっていきま

図2-24　ダイポール・アンテナから広がる電界強度

す。磁界がゼロの領域（黒色）の次からは、反対の右回りになっています。そして左回りと右回りを交互に繰り返しながら空間に広がっています。

図2-24は電界強度の様子です。中央で上下に伸びるエレメントに沿って、白く8の字に見える領域の内側が、もっとも強い電界領域です。よく見るとアンテナの上下両端にも、黒く示された電界の強い領域がありま す。ただし外側でリング状に黒く見える領域は、反対に電界がゼロまたは弱い領域です。

アンテナから離れた空間に注目すると、ちょうどアンテナの長さ程度に離れた領域には、白っぽいループ状に、電界の強い領域ができて、広い空間へ向かって波紋のように広がっているのがわかるでしょう。これが空間に広がっていく電波です。75ページの図2-16で右端の電界の様子に対応しています。

こうして見ていくと、筆者らがもらったQSLカードでは、写真2-10bの電波が先端から波紋のように広がっているのが、より実態に近いイメージのようですね。

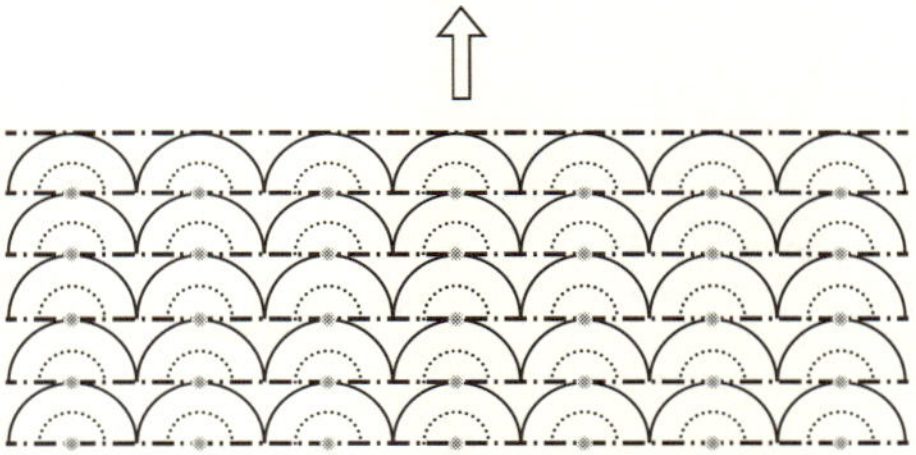

図2-25 ホイヘンスの原理（二次波源）

波の伝わりかた

電磁波は直進します。その仕組みを最初に明らかにしたのは、オランダのホイヘンス（一六二九～一六九五年）です。彼は光が真っ直ぐ進むという性質を説明するために、「二次波源」というものを考え出しました。

光源（波源）からの光は球面状に波が広がっていきます。そのごく一部を切り取ったのが図2-25です。波が少し進むとそこにも新たな波源（二次波源）を作って、その先も同じように波が広がっていく……。このたくさんの小さな円形の波が重なり合いながら、先へ先へと波が作られていくことを繰り返して光は進んでいく、という考え方です。

この考え方は「ホイヘンスの原理」とよばれ、光が直進、反射、

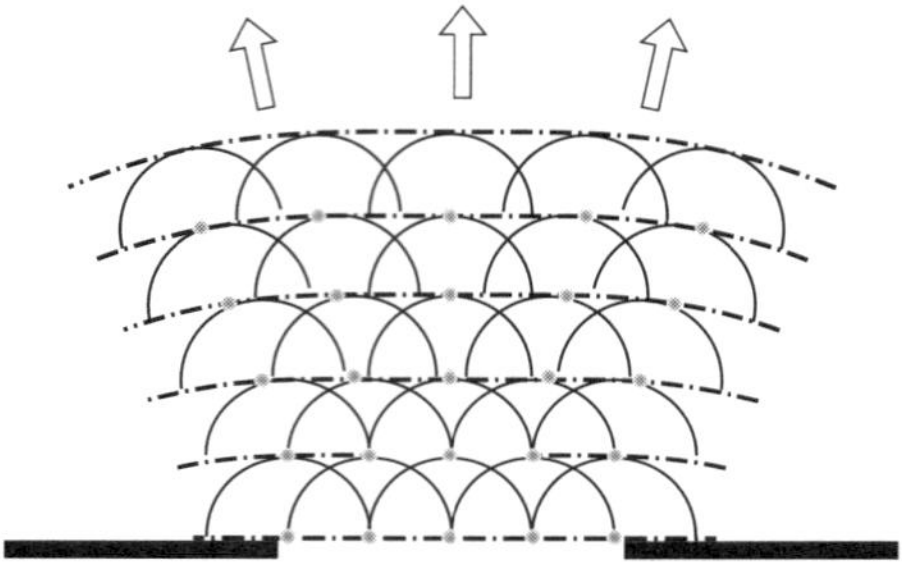

図 2‐26　波の回折

屈折することをうまく説明することができます。

波（振動）は真っ直ぐ進むだけではありません。波が進む先に板を立てると、それに波があたったとき板の裏側にも波が立ちます。これを二次波源の考え方で説明してみましょう。

今、波の進む方向に穴の開いた壁があります。波が壁にあたると、穴の縁に位置する二次波源が壁の内側に回り込む波を作ります。これを進めていくと光は、図2‐26に示すように空間に広がっていきます。

なお、壁の手前（図の下）にある図2‐25と同じ波は省略しています。

このような現象を回折といい、電磁波でも起きます。

回り込む電波

図2‐27は四角い金属板の手前にあるダイポール・アンテナ（図の中央で上下に伸びる黒い細線）から電波が発信されているときの、磁界（磁力線）の様子を示すCGです。金属板の表面や左右の縁の黒く表された部分には強い電流が流れています。

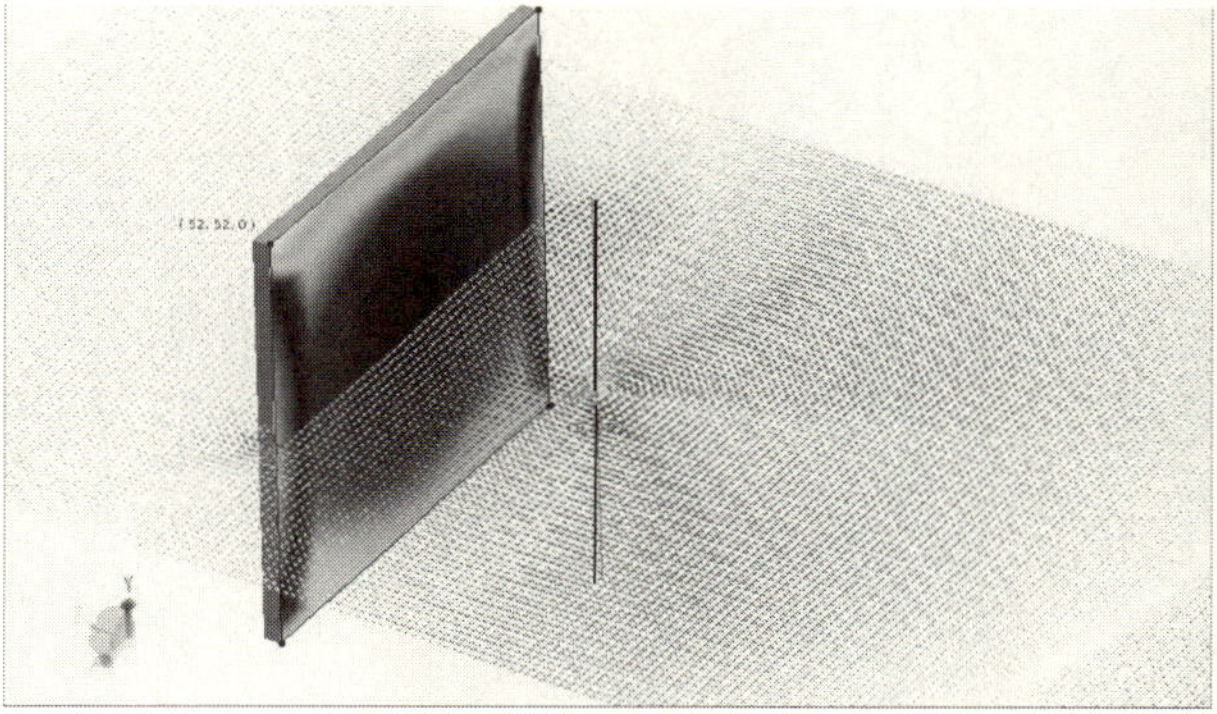

図 2-27 金属板を回り込む磁界

ここで金属板の裏側にも電流が回り込んでいることを見落としてはいけません。

アンテナのまわりに発生した磁界は、金属表面に平行に走っていて、これにより金属の表面には誘導電流が流れます。磁界は裏側の表面にも回り込むので、それによって誘導される電流も回り込むのです。

このように金属に時間変化する電流が流れると、そのまわりに再び磁界が発生し、その変動する磁界は変動する電界を発生します。こうして金属板から電波が再放射されることで、電波は金属板の裏側へも放射されているのです。

金属板の裏側の磁界は、電波が直接あたる表側の磁界よりも弱く（白っぽく）なっていますが、その先にも磁界が広がっていて波が認められます。

都市部でビルの谷間からケータイやスマホがつながるのは、このように電波が建物の鉄骨や鉄筋、窓枠などの金属の縁部から回り込む回折が起きて、その先に伝わっていくからです。

ホイヘンスの原理は一七世紀に生まれましたが、今でもアンテナから放射される電波をコンピュータで解く手法に使われています。

電波はどこまで届くのか?

さて、電波はいったいどこまで届くのでしょうか?

電波(電気)が電線を伝わる場合、金属線が途中で切れていなければ、損失がないと仮定すると、どこまでも届きます。電波も、空間という「見えない電線」を伝わる電気と考えれば、アンテナからあらゆる方向へ電線が伸びていて、やはりどこまでも届くはずです。

実際に第1章(21ページ)で述べたように、三億キロメートル離れた「はやぶさ」と交信できたし、電波天文学では一〇〇億光年かなたの電磁波を観測しています。

もちろん遠距離の交信は不安定になります。アンテナから出た電波(電磁エネルギー)は、遠方へ伝わるほど弱くなるのです。電線では電線がもつ抵抗で電気が弱まるのですが、電波ではなぜ弱くなるのでしょうか?

今、点のような波源(点光源)を考えてみます。電灯をイメージしてください(図2-28)。電灯から距離 r に届く光はどれくらい弱くなっているか計算してみましょう。むずかしくありません。中学で習う「球の表面積」の計算でわかります。

半径rの球の表面積は$4\pi r^2$でしたね。すると光があたる球体の表面積はr^2に比例して増えるので、単位面積あたりの光の強さはその距離の二乗の逆数（$\frac{1}{r^2}$）に比例して小さくなることがわかります。

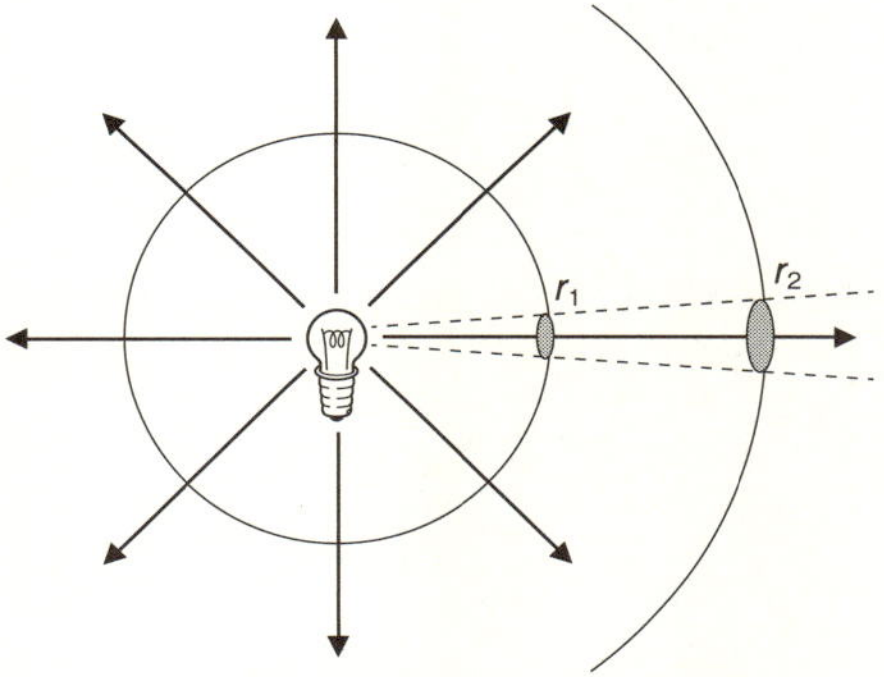

図2-28　電磁波エネルギーの減衰

たとえば図2-28でr_1が電灯から一メートル、r_2が二メートルの距離なら、r_2の点での光の強さはr_1の四分の一です。r_2が一〇〇メートルと、r_1の一〇〇倍遠ければ、そこでの光の強さは一万分の一になってしまうという計算です。可視光線と同じ電磁波仲間の電波も同様な理由で、送信アンテナから離れるほど電波が弱くなります。

ただし、交流の電界は点ではなく、二極（ダイポール）が必要ですから、点光源のようなアンテナは作れません。そのため、ダイポール・アンテナなど実際のアンテナから送信される電界や磁界の強さは、可視光とは少し異なり、波長程度以上離れた先では、その距離の逆数に比例して弱くなっていきます。

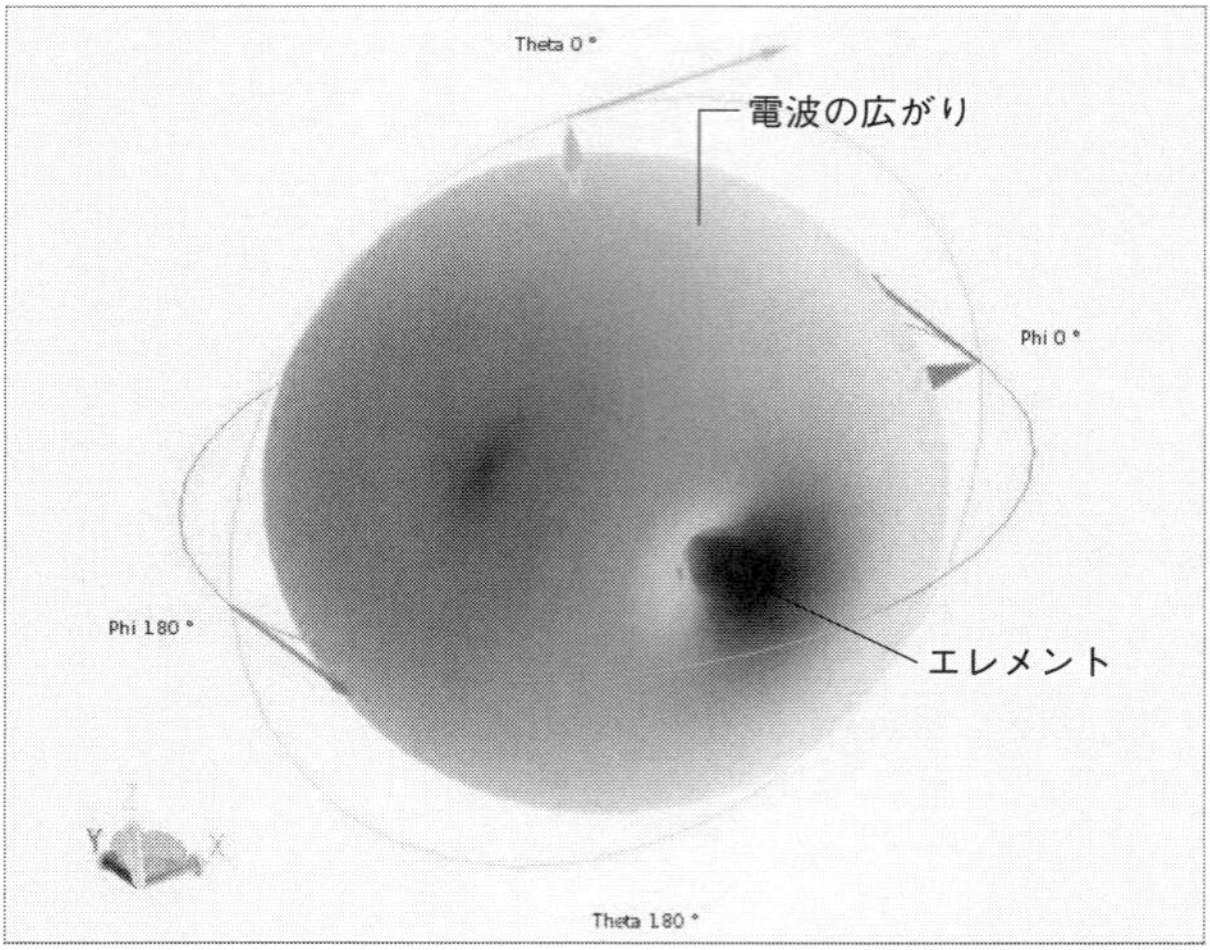

図2-29　ダイポール・アンテナの放射パターン

リンゴ形に広がる電波

また、ダイポール・アンテナは、エレメントの長手方向へは電波を出しません。

これを立体的に描くと図2 - 29のようになります。リンゴの柄があるようなへこみ部分がエレメントの長手方向になり、それと直角方向に電波が出ています。

これをエレメントと垂直面で輪切りにすると、太いドーナツのように、もっとも電波が強い方向はエレメントを軸として三六〇度に広がっています。つまり特定の方向と通信する場合は、そのごく一部の電波しか使えないことになってしまいます。それでは効率がよくありません。

そこで反射板やパラボラによって電波を絞

り込めば、むだづかいはなくなります。アンテナの性能は、電波を特定方向へどれだけ絞れるか（利得またはゲインという）でも評価されるのです（133ページ参照）。

地球の裏側まで届く電波

ところで電波は直進します。そうすると水平線の先のアンテナには到達できないことになります。その距離を「見通し距離」といいます（176ページ参照）。アンテナが高い位置にあると、それだけ遠方と交信できることになりますが、もちろん限度があります。

現在では、通信衛星や放送衛星がこれらの弱点を補ってくれます。しかし実際には、通信衛星の実現以前から世界中が無線で結ばれていました。もちろん無線局同士を結ぶネットワークによる場合もありますが、電波の性質によっても見通し距離よりずっと先に届くのです。

初期の無線通信には、長波や中波が使われました。経験的に波長の長いほうが遠距離に届くことがわかっていたからです。それは次のような理由があります。

地球の上空八〇キロ～二〇〇キロメートルには、電子密度の高い電離層があります。長波～短波（三キロ～三〇メガヘルツ）の電波は電離層によって反射するため、見通し距離よりも遠方に伝わります。これに対して超短波～極超短波（三〇メガ～三〇〇ギガヘルツ）は、電離層を突き抜けるので、見通し距離を超えられません（次ページ図2‐30）。

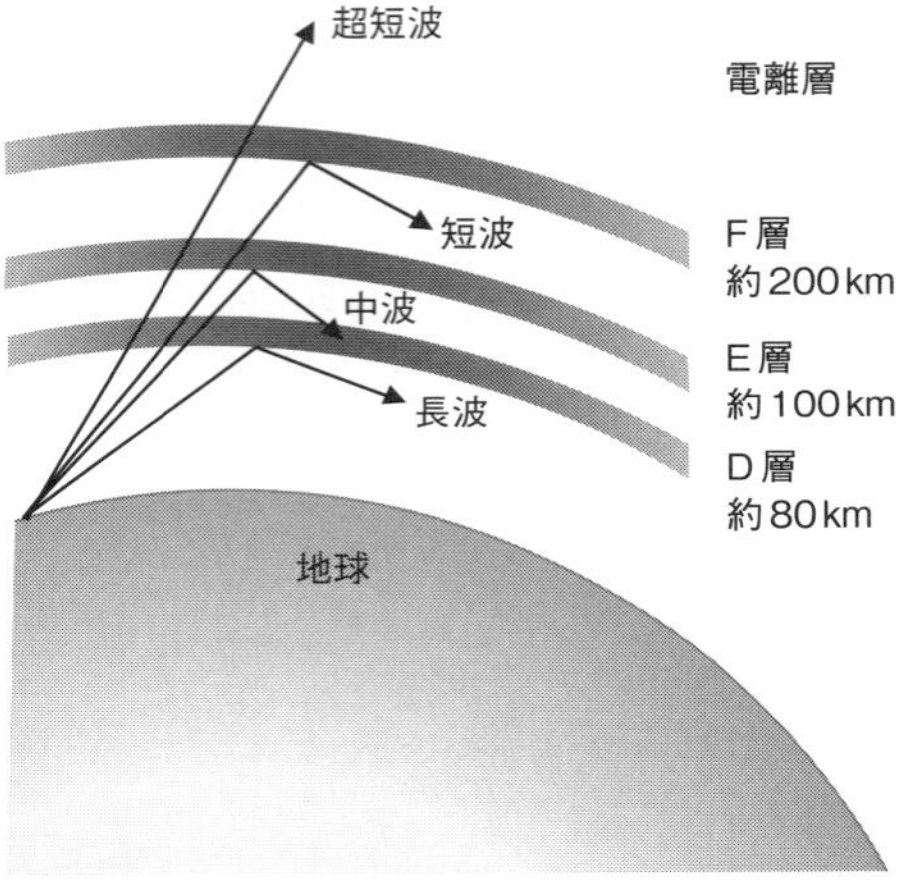
超短波
電離層
短波
F層
約200km
中波
E層
約100km
長波
D層
約80km
地球
図2-30　電離層と電波特性

長波長帯の電波は、途中に建物などがあっても、波長がそれらに対して十分長いので回折を生じるため（92ページ参照）、あまり影響はうけません。また大地を頼りに進むことで遠方まで到達します。途中に広大な海があっても、海面は大地に比べて電波のエネルギー損失が少ないので、電界と磁界は、ずっと遠方まで到達できるというわけです。

また、アンテナが地上高く設置されていれば、海面に斜めに向かう電波は反射されて電離層へ向かい、電離層で反射して海面に向かいます。こうして反射を繰り返しながら地球の裏側へ到達することもあります。

さらに気温や湿度の影響で、大気中に電磁波の屈折率の不連続面ができることがあります。電波がこの不連続面で屈折・反射しながら伝播していくことがあります。とくに超短波〜極超短波は地表面や山岳、建築物などで回折することで、見通し距離よりも遠くに伝わる場合があります。そのような電波の経路をラジオダクト（超屈折層）といいます。
その他にも異常な伝播現象を起こす現象があります。大気は温度や湿度が部分的、時間的に変化しているので、電波はそれによる屈折や反射を受けます。また流星が上空約一〇〇キロメートルの大気圏に突入するときには、周囲の大気がイオン化されて、わずかな時間ですが、電波を反射する部分が現れます。そのような現象が次々に発生すれば、長い距離の通信が可能になることがあります。それらを総称して「スキャッター（散乱）」といいます。

2-3　電波による放送・通信の仕組み

地デジの電波はデジタル？

ここまで電波の波としての性質を述べてきました。それでは、この電波でどのようにして放送などの情報を送り届けるのでしょうか？

地デジ以前の「アナログ放送」のアナログとは「連続した量」です。一方、「地デジ」は「地上波デジタル」のことで、デジタルとは「とびとびの量」です。実際にアナログ放送の電波は、これまで述べてきたように連続した波です。一方、デジタル電波の波形は、台形パルス信号といって、台形に近い波の繰り返しになります（図2 - 31）。

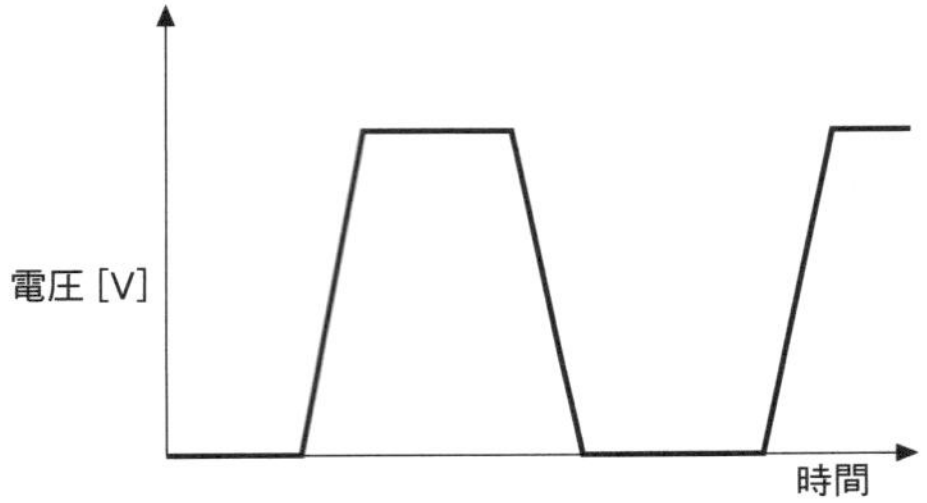

図 2-31　デジタル（パルス）波の波形

そこで地デジのテレビ放送、それに「デジタル処理」しているワンセグ、スマホ、ケータイなどは、台形パルス形の電波が届いていると考えてしまうかもしれません。しかし、じつはそうではありません。

図2 - 32はケータイの送・受信回路の概略です。上側が送信用、下側が受信用です。D - A変換回路はデジタル（D）波形をアナログ（A）波形に変換します。A - D変換はその逆です。また、変調とはアナログの波形を最適な電気信号に変換する操作、復調はその逆のことです。増幅回路はアンテナに送り込む、あるいはアンテナから受け取る電力を増やします。

ちなみに、ケータイやスマホで通話しているとき、相手と同時にしゃべっていることがあります。ケータイは一つのアンテナで送・受信しているので、そのままではアンテナで両方の電波が

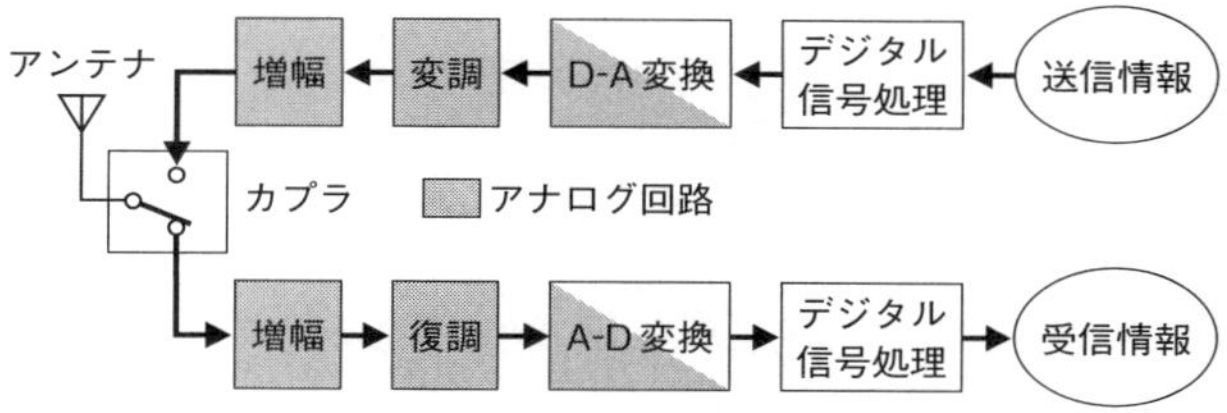

図 2-32　携帯電話の仕組み

混ざってしまいます。そこで送・受信を切り替える交通整理をするのがカプラ（方向性結合器）で、送信信号と受信信号を分離し、一つのアンテナで済むようにしています。

ここで注意してほしいのは、送信側はD‐A変換以後がアナログ回路、受信側もA‐D変換までがアナログ回路（図2‐32でグレー地になっているところ）で処理されていることです。

ケータイで通話中の話し声はアナログです。送信側の受話器がそのままアナログの信号として受け取ったあとで、デジタル信号処理回路でデジタル信号に変えています。

一方、受信側では、アンテナが取り込んだ微弱な電波を増幅してから、復調回路で変調前のアナログ信号に戻します。これをA‐D変換回路でデジタルに変換し、デジタル信号処理回路によって音声波形が得られるという仕組みです。

このようにデジタル通信や放送の電波そのものは、デジタルではなくアナログなのです。しかしデジタル通信や放送なのに、なぜわざわざアナログに変換する必要があるのでしょうか？

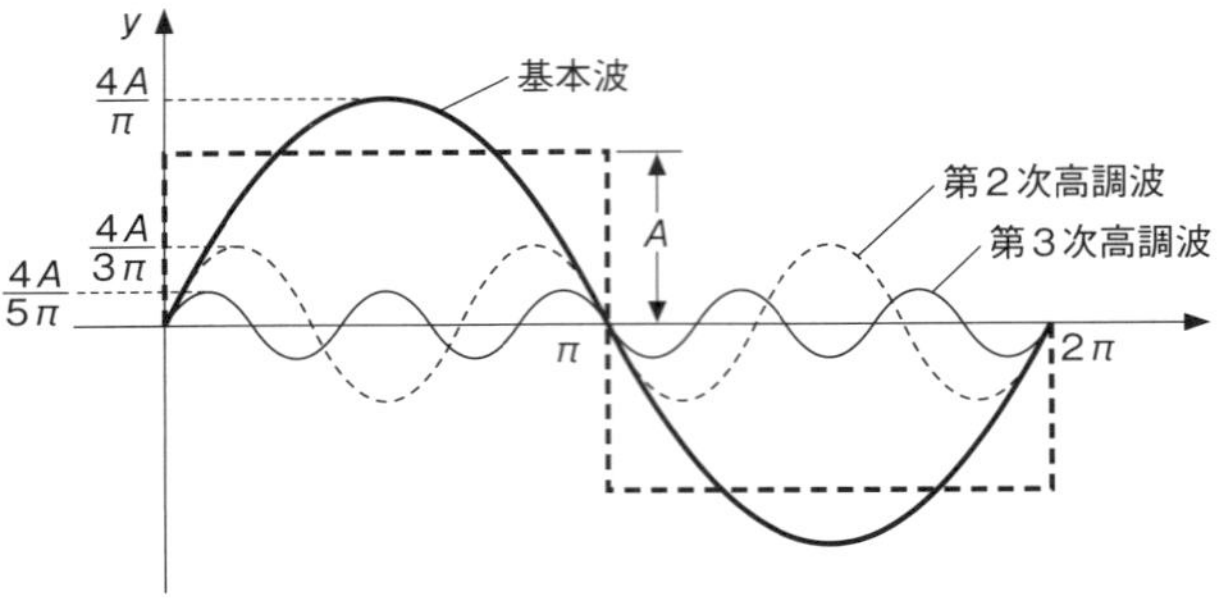

パルス（矩形）波は無数のサイン（正弦）波の集合で表される。

図 2-33　パルス波に含まれるサイン波

フランスのフーリエ（一七六八～一八三〇年）は、複雑な波形の繰り返しも、単純なサイン波（正弦波）の和で表せることを明らかにしました。フーリエ解析という理論で、音や光の波の研究に広く用いられています。

この理論によれば、デジタル波形の幅が狭いパルス波ほど、低い周波数から高い周波数までの無数のサイン波を含むことになります（図２‐33）。そのすべての周波数を送・受信できるアンテナは、異なる長さのエレメントが無数に必要で、実現不可能です。そのため地デジやデジタル通信といっても、電波（搬送波）はデジタルではなくアナログにする必要があるのです。

放送電波の仕組み

たとえば音声や音楽を電波で届けるラジオ放送の仕組みを調べてみましょう。

音声や音楽はマイクロフォンによって電流の強弱に変

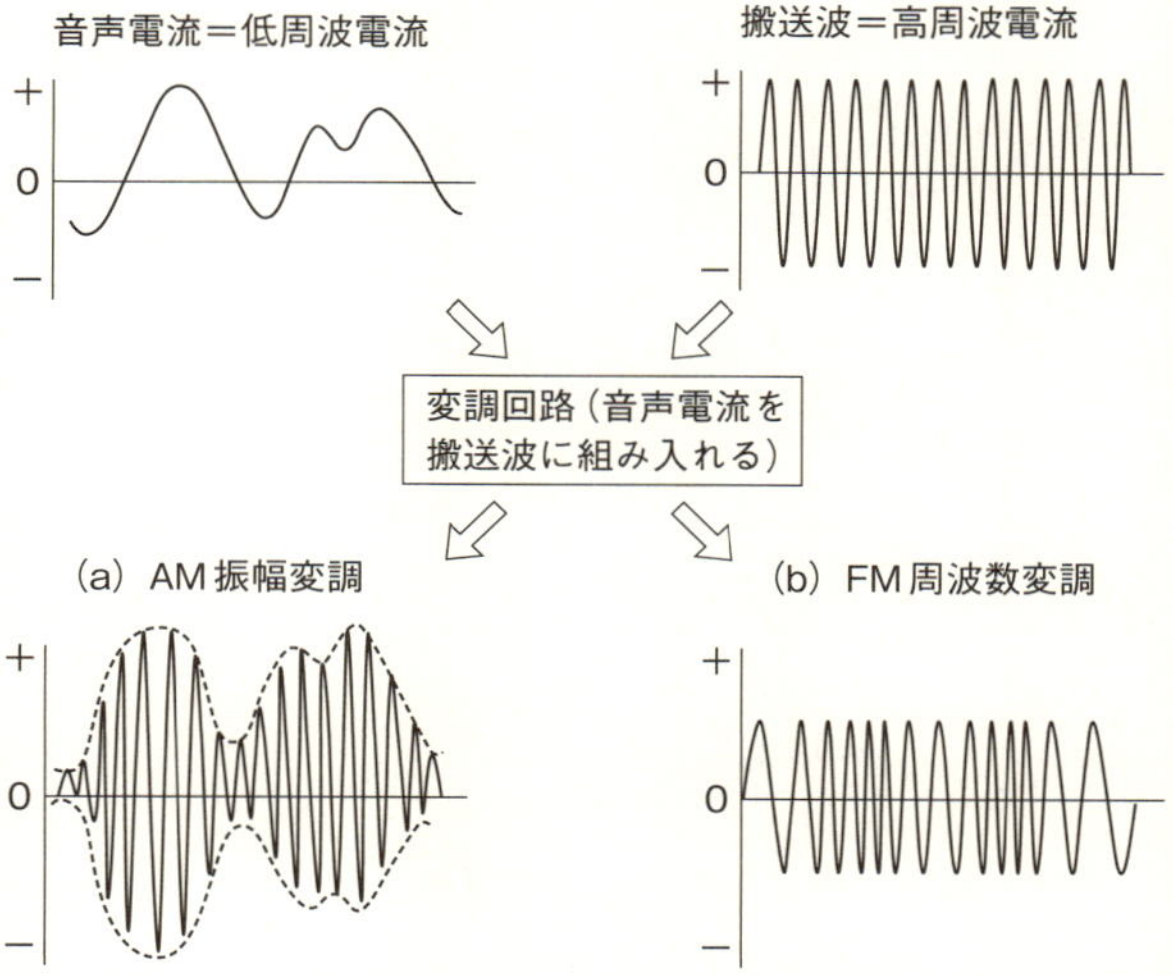
音声電流＝低周波電流
搬送波＝高周波電流
+
0
−
変調回路（音声電流を搬送波に組み入れる）
(a) AM 振幅変調
(b) FM 周波数変調

音声電流の波形に応じて搬送波の振幅が変わる。

音声電流の大きさに応じて周波数が変わる（波の疎密が変わる）。

図 2-34　信号波を搬送波に乗せる

換できます。人間の可聴範囲は二〇〜二〇キロヘルツといわれていますが、音声の周波数は二〇〇〜四キロヘルツの範囲です。たとえば電話では三〇〇〜三・四キロヘルツを伝えています。

この音声信号をラジオ電波（搬送波）に乗せるためには二つの方法があります。

一つは音声信号などを周波数の高い高周波電流の振幅（高さ）変化で表す方式で、振幅変調（AM：Amplitude Modulation）といいます（図2-34a）。振幅変調の「変調」とは、音声信号などを搬送波に組み入れることをいいます。搬送波

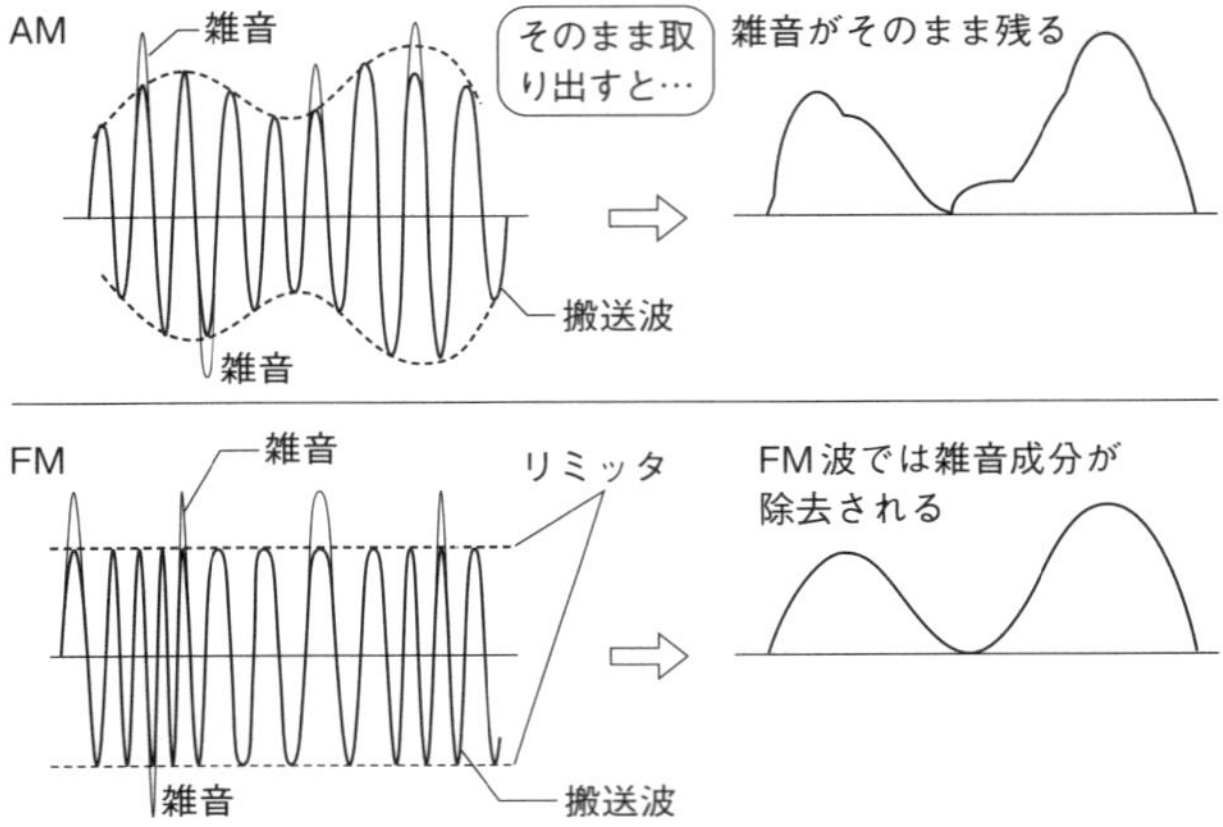
AM
雑音
そのまま取り出すと…
雑音がそのまま残る
搬送波
雑音
FM
雑音
リミッタ
FM波では雑音成分が除去される
搬送波
雑音

図2-35　FM放送の音質がよい理由

の周波数は、日本のAMラジオ放送では五二六・五キロ〜一六〇六・五キロヘルツ（波長一八七〜五七〇メートルほど）で、音声電流の周波数に比べきわめて高くなっています。

もう一つは音楽放送に適しているFM放送の電波です。

電波の振幅（波の高さ）は、いろいろな電気・電子機器から出る電波（妨害波）などで変化してしまいます。そのためAM放送では、放送電波以外の雑音も入りやすくなります。そこで、音声信号を搬送波の周波数の変化に置き換える周波数変調（FM：Frequency Modulation）が使われるようになりました（同図b）。

FM放送の搬送波はAM放送に比べて周波数が高いので、低い周波数から高い周波数までの音声信号を組み入れることができ、音声帯域だけでなくコントラバスのような低い周波数からピアノの高い周波数まで含まれています。このためFMはAMに比べて音質がよいとされています。

また、FMは周波数の変化を検出すればよいので、ノイズで飛び出た振幅はリミッタとよばれる回路で取り除くことができるため、音質がよくなります（図2-35）。

ちなみに日本のFM放送は、周波数が七六メガ～九〇メガヘルツで波長が短い（三・三～四メートルほど）ため、大きな建物などの障害物の陰では、回折による回り込みがわずかなため、電波が届きにくくなる弱点があります。

電波は混ざらないのか？

空間にはすべてのテレビやラジオの放送電波が伝わってきているので、アンテナは受信可能なFMラジオやテレビの放送電波をすべて捉えているはずです。受信した電波は、一本の同軸ケーブルを通ってチューナに入ります。このとき多くの電波が混ざり合って、干渉しないかと心配になるかもしれません。そもそも、電波は空間で混ざり合うことはないのでしょうか？

もちろん混ざり合うことはありません。なぜなら放送波は局ごとに異なる周波数帯を送信しているからです。アンテナは幅広い周波数帯の電波を受信しても、受信機には目的の周波数だけを選り分ける装置（チューナ）があります。

先に可視光線も電波と同じ電磁波だと述べました。私たちがまわりの景色を見られるのは、目というアンテナで可視光帯域の電磁波を受信しているからです。ということは紫から赤までいろいろな波長（周波数）の電磁波を一度に受け取っているはずです。しかし赤は赤、緑は緑ときちんと区別できます。それは脳という受信装置（チューナ）が、波長を区別して処理しているからです。電波も同じで、周波数が異なれば区別することができるのです。

周波数の割り当て

電波は、それを使う国の法律によって周波数が割り当てられていて、互いに他の放送局など無線局の業務の運用を妨害する電波が混信しないようにしています。たとえば地デジの周波数帯はチャネル（チャンネルともいう）とよばれていて、日本ではその割り当ては物理チャネル13（四七〇メガ～四七六メガヘルツ）から62（七六四メガ～七七〇メガヘルツ）までです。

物理チャネルとは、テレビのリモコンのチャネルではなく、放送に割り当てられている実際の周波数帯のことをいいます。これは地上波アナログの時代に使われていた周波数帯のチャネルにそのまま対応しています。一チャネルの幅は六メガヘルツです。

アンテナのまわりには、放送電波だけでなく、ケータイやアマチュア無線の電波なども飛び交っています。しかしすべて周波数が異なるので、混ざり合うことはありません。たまに「混信」

という言葉を聞きますが、これは電波を使った放送や無線通信で、まったく同じ周波数、またはきわめて隣接している周波数の電波が混ざり合うために起きるものです。

ある国で、その国が割り当てているのと異なる周波数の簡易無線機などを持ち込んで使うと、その国の放送や無線運用に混信を起こすことがあるので、注意してください。その国の電波法違反になることもあります。

またアナログテレビの時代には、ゴーストといって、像が二重に映る現象がありました。これも建物などに反射した、本来のルートではない放送電波を受信するためです。地デジでも、同じように異なるルートの電波を同時に受信することがあります。しかし地デジはゴースト現象に強い変調方式を採用しており、あらかじめ対策が施されています。

アンテナが増えると受信しにくくなる？

ラジオ放送が普及してきた昭和の初め、放送局に「最近、ラジオの台数が増えて、先に加入した我々が聞ける電波の割合が少なくなったのではないか。ラジオが聞こえにくくなった」という苦情がよせられたそうです。電波が利用されはじめた頃のほほえましい話ですが、テレビ放送でも、普及期に入ってアンテナが急増した頃に、近所のアンテナで電波を取れば、それだけ自分のところの映りが悪くなる、と苦情を言った人がいたそうです。

「そんな馬鹿な！」と言いたいところですが、改めてよく考えてみましょう。

放送局のアンテナから放射される電波のエネルギー（電磁エネルギー）量は、ある有限の値です。それが空間を伝わりながら、一部はビル壁や地面などに反射されたり吸収されたりして消費されます。そうした障害物の中を旅してアンテナにたどり着いた残りのエネルギー（の、さらにごく一部）が受信され、受信機の中で消費されてしまいます。

したがって、アンテナが増えて受信される電磁エネルギーが多くなれば、その分、エネルギーの取り分が減るという話は、じつにそのとおりということになります。

ただし現実には、もちろんアンテナが増えても不都合は起きません。それは、空間を移動している電磁エネルギーの総量に比べてはるかに少ない量を「かすめ取っているだけ（?・）」なのが、私たちの使うアンテナだからです。

たとえばダイポール・アンテナでは、エレメントを含む約二分の一波長×四分の一波長の面積を通過する電波をキャッチしているだけです。地デジ放送でいえば、その波長は約三九～六三センチメートルの範囲です。つまり最大でも約二五センチメートル四方の面積にすぎません。家ごとのアンテナの上に、それぞれハンカチ一枚を広げたくらいですから、空全体をおおいつくすことはないのです。スタジアムで一度に数万人がサッカーゲームを観戦していても、一人一人が受け取る光（電磁エネルギー）の取り分が減って見え方が薄くなるわけではないのと同じです。

第3章

手作りアンテナで探るアンテナの原理

3-1 ヘルツ・ダイポールを作る

ヘルツの実験

第2章で電波とは何かを、いくらか理解していただけたと思います。そこでいよいよ、アンテナがその電波をどのようにして送・受信しているかを見ていきましょう。

アンテナの仕組みの基本は、電磁波の存在を実証したヘルツが作ったダイポール・アンテナです。彼は多くのアンテナを作ってその性能を調べました。ただし「アンテナ」というのは、第1章で述べたように少し後の時代に使い始めた言葉で、ヘルツはアンテナにあたる仕組みを送波装置、受波装置と分けてよんでいます。送信機、受信機ではありません。

ヘルツのアンテナの目的は、マクスウェルが予言した電磁波が発生する（送波する）ことを実証し、それを受け取る（受波する）ことでした。それに送・受信の「信」は通信の「信」です。無線を通信手段として使うというアイデアが生まれたのも、ヘルツよりも少し後の時代です。

現代では、一般に送信用と受信用は同じタイプのアンテナを使います。しかしヘルツの送波装置と受波装置は、第2章で紹介したように形状が異なっています。送波装置には直線の導線を使

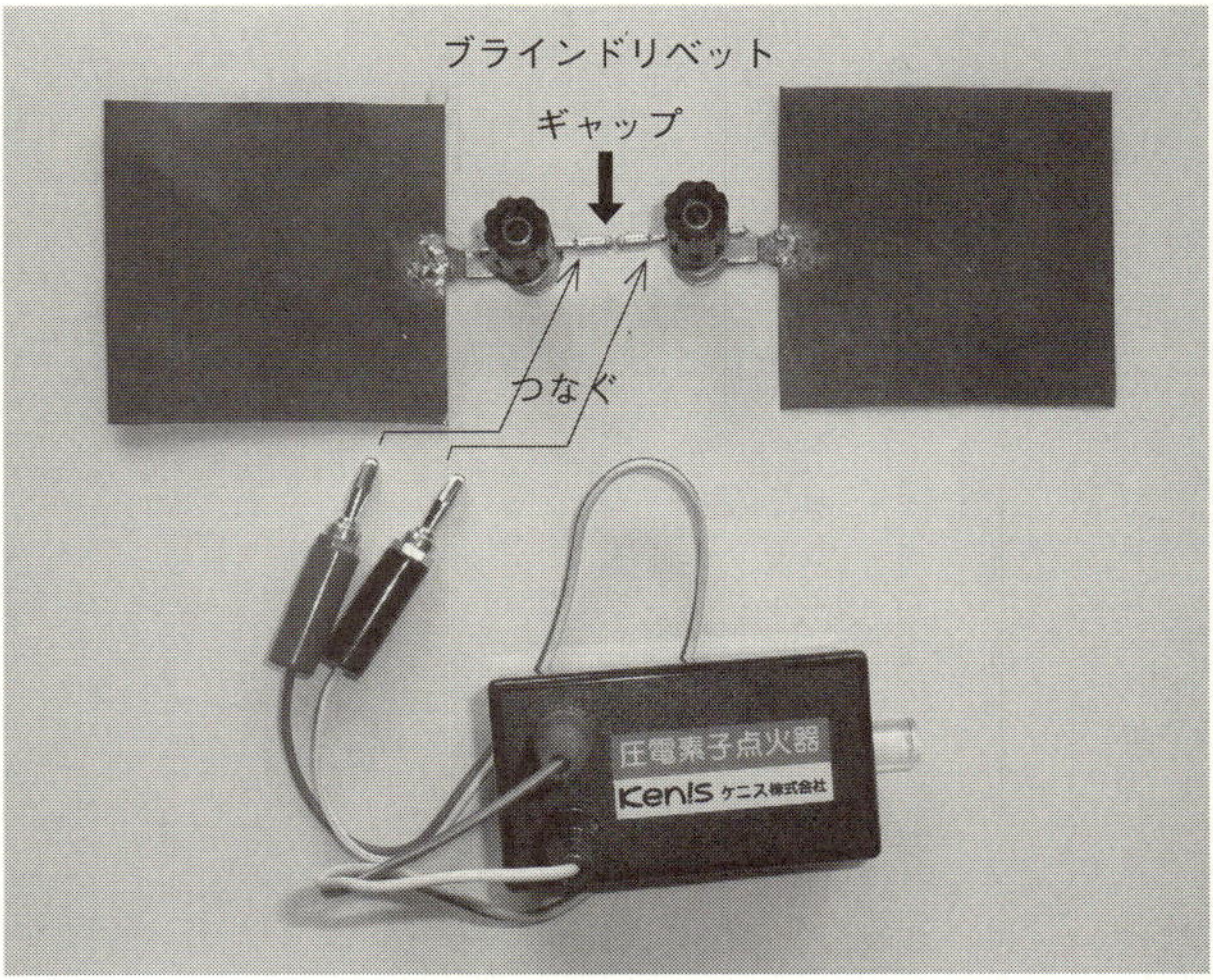

写真 3-1　手作りのヘルツ送波装置

い、受波装置はループ導線を採用しています。ヘルツは、まずこのように送信と受信を違う構造のアンテナで試した後、さまざまな実験を繰り返して、ついに送・受信とも同じ構造のアンテナでよいことをみつけています。

アンテナは「可逆性」といって、送信アンテナとしての性能は、受信アンテナとして使う場合にもそのまま当てはまるのです。

ヘルツの火花放電を再現する

アンテナの仕組みを理解する一番の方法は、実際にアンテナを手作りすることでしょう。そこで、ヘルツが実験したヘルツ・ダイポール（71ページ写真２‐８）を、筆者らも自作しやすい寸法に縮小して作ってみました。

前ページの写真3‐1が送波装置です。両端の金属球は、自作しやすいように正方形の銅板に変えています。アマチュア無線で使う電波（四三〇メガヘルツ帯）を出すように、パソコンのプログラムで計算した結果、正方形は六七ミリメートル角にしました。

ヘルツ・ダイポールでは、誘導コイルの両端から引き出した導線をギャップにつなげています。誘導コイルで生まれた高電圧によって火花放電させ、強い電波を送り出すという仕組みです。ただし筆者らの再現実験では、誘導コイルの代わりに、理科実験用の圧電素子点火器（発生電圧約一〇キロボルト）を使って高電圧を加えました。

圧電素子点火器は、電子ライターやコンロの点火器に使われており、圧電効果を利用しています。水晶などの結晶に機械的な圧力を加えると、応力変化した結晶の表面両端に正負の電荷が現れます。逆に結晶に電圧をかけると、結晶に応力変化が生じます。つまり機械的変化と電気的変化とが交換する現象で、これが圧電効果です。その性質を利用した素子を圧電素子とよび、種々の材料が使われています。

ヘルツ・ダイポールでは、ギャップに火花を飛ばすための小さな球体がついていますが、再現実験では、先端が半球のブラインドリベット（金属板などの接合に使う留め金）を使いました。

この送波装置を試したところ、ギャップが一ミリメートルほどのとき、火花放電を確認するこ

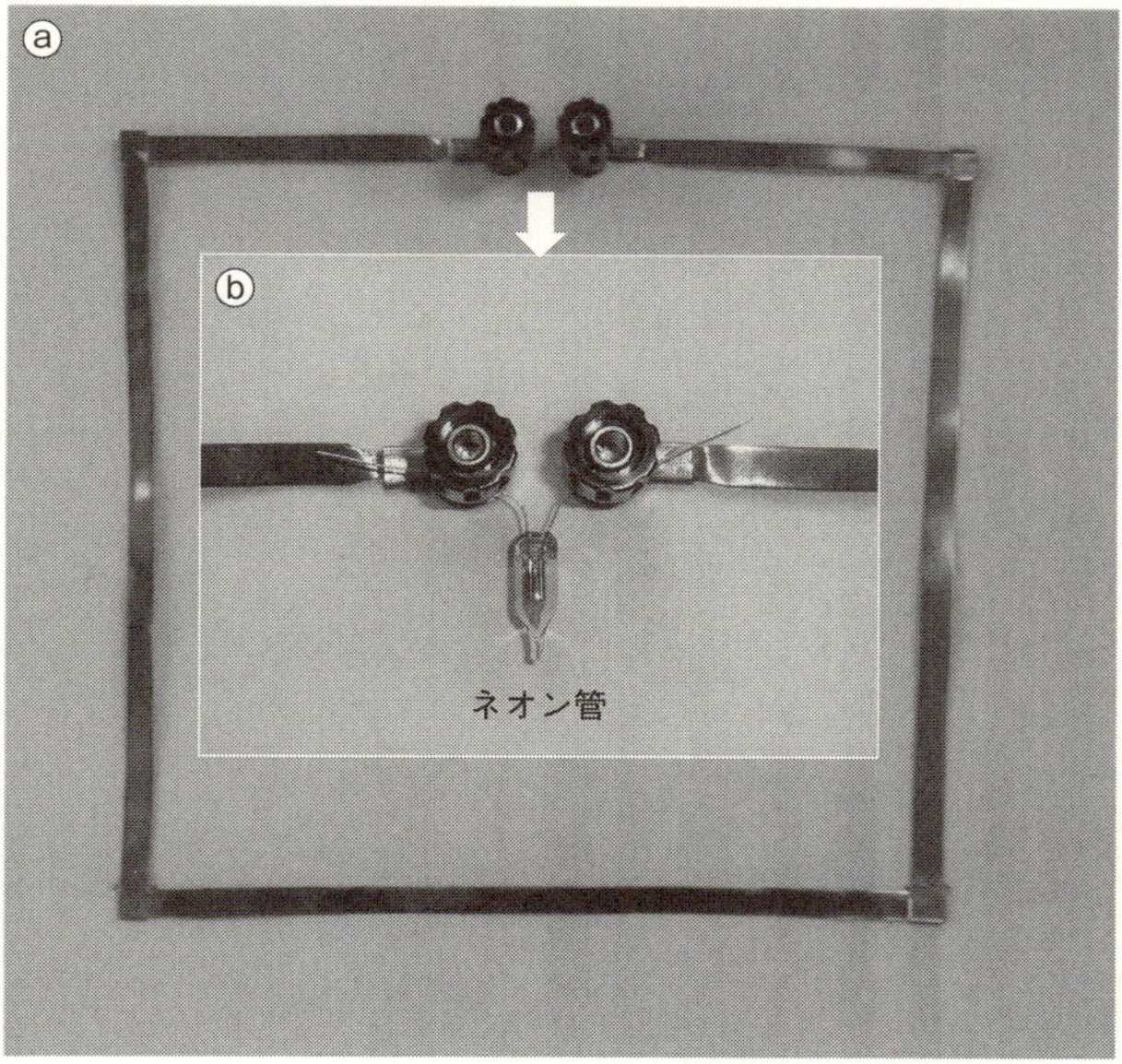

a：全体　b：ギャップに取り付けたネオン管

写真3-2　手作りの受波装置

とができました。

ヘルツの受波装置を再現する

一方、受波装置は全長約七〇センチメートル、幅一センチメートルほどの細い銅板を正方形のループにしています。四隅は先端を短く折り曲げ、ハンダづけしました（写真3-2a）。

受波装置のループ端（ギャップ）には送波装置と同じブラインドリベットをつけましたが、組み立てが終わって送波装置に通電してみても、残念ながら受波装置のギャップで火花は確認できませんでした。圧電素子点火器による火花放電はきわめて弱く、放射される電波の電力もわずかだったからです。

そこでギャップに、小さな電力でも点灯するネオン管をつけました（同写真b）。ネオン管は両端子に電圧がかかると放電し、ネオンが発光して点灯します。点灯を確認しやすくするため部屋を暗くしました。すると、送波装置と受波装置が十数センチメートル離れていても、ネオン管の点灯がみごとに確認できました。送波装置の火花放電が電波を放射し、受波装置がそれを受信し、銅板に電気が流れてネオン管が点灯したのです。

実験に夢中になると、だんだん欲が出て到達距離を伸ばしたくなります。それには自動車のプラグをスパークさせるイグニッションコイルなどを利用して、高い電圧で連続放電する必要があります。ただしこの方法では感電の危険があるし、かなり強い電波が出るため、まわりの電子機器に影響したり電波法に違反したりする恐れもあるので、十分に注意しなければなりません。

ヘルツは、送波装置で発生させた電磁波の波長を測定していて、それは約六メートル（五〇メガヘルツ付近）でした。筆者らも自作の再現アンテナの周波数をコンピュータ計算した結果、その付近の周波数を確認できました。

ヘルツ以前に知られていたのは、第2章でお話ししたライデン瓶（55ページ）に蓄えた静電気が放電する際に生じる一メガヘルツ程度の、比較的遅い振動（低周波）でしたから、高周波が得られるヘルツの装置はじつに画期的だったのです。人の手で自由に作りだせるようになった電磁波は、「ヘルツ波」ともよばれています。

ただし火花放電による電波はそのままでは使えません。たとえばＡＭラジオを聞きながら近くでシェーバーを使うと、ラジオにバリバリという雑音が入ります。これはシェーバーのモーターのブラシ（整流子）が高速でこすれ、火花放電が起きて生じた電波を受信してしまうからです。

火花放電では幅広い周波数帯の電磁波を発生します。その一部がＡＭラジオ放送の周波数なので、受信してしまうのです。同じように、ヘルツ・ダイポールはアンテナ長の二倍、方形コイルはコイル全周と同じ長さの波長の電波をもっとも強く送・受信しています。

3-2 ダイポール・アンテナを作ってみよう

ダイポール・アンテナの設計

ヘルツの送波装置からスタートしたアンテナは、それに続く多くの研究者の工夫によって、ついに針金一本というきわめてシンプルな構造にまで至りました。

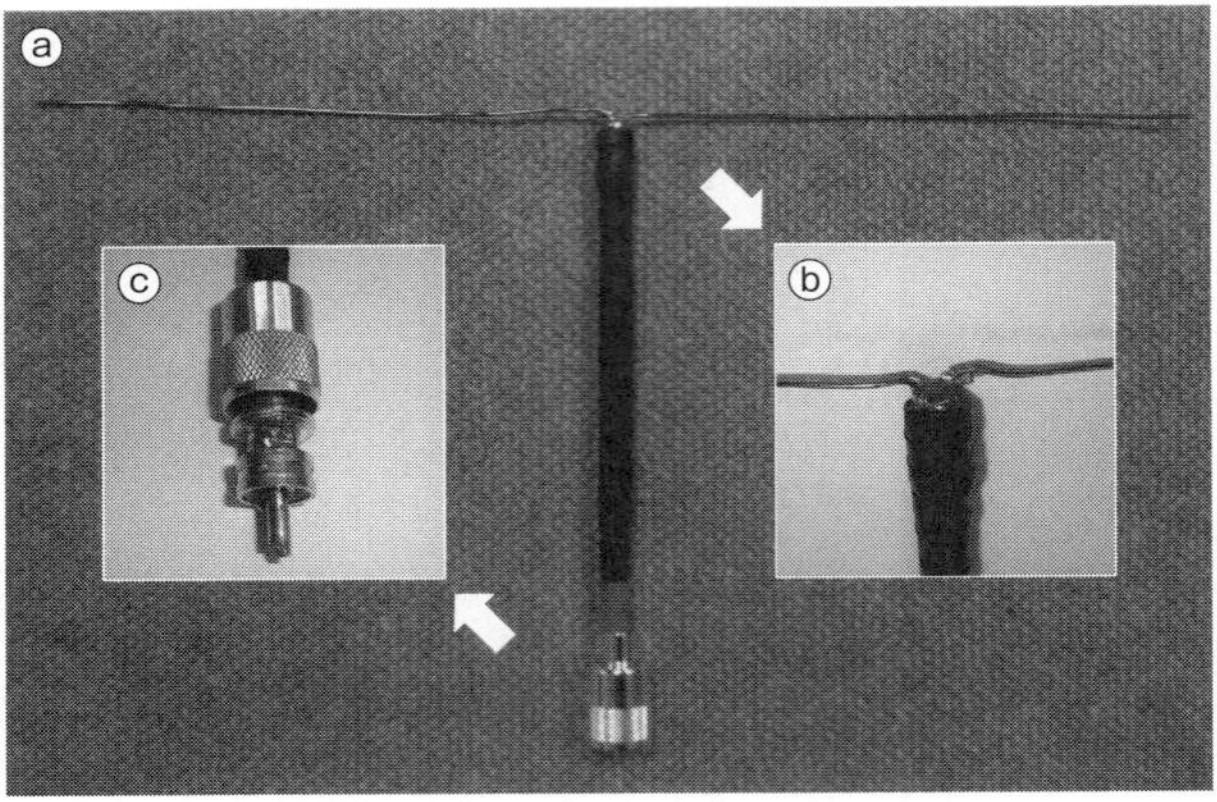

a：全体　b：給電部　c：M型コネクタ
写真 3-3　手作りのダイポール・アンテナ

そこで筆者らも、直径一ミリメートルほどの細い銅線（エナメル線）をエレメントにした、二分の一波長ダイポール・アンテナを自作してみました。

写真3-3aが全体像です。黒い太い線は同軸ケーブルで、外側に絶縁テープを巻いてあり、上端から左右にエレメントが出ています。

まずエレメントの長さを、使いたい周波数（動作周波数）から決めます。実際に電波が出ていることを確認できるように、アマチュア無線で許可されている四三〇メガヘルツ帯（四三〇メガ〜四四〇メガヘルツの電波が使える）としました。

エレメントの長さd（m）は動作周波数f（Hz）から次の式で計算します。

$$d = \frac{3\times10^8}{2f}\times(0.96\sim0.97)$$

したがって動作周波数が四三五メガヘルツのエレメント長dは次のように求められます。

$$d = \frac{3\times10^8}{2\times435\times10^6}\times(0.96\sim0.97) = 0.331\sim0.335$$

エレメント長dを波長の二分の一の九六～九七パーセントにするのは、124ページで述べる「整合」のためです。

写真3-3bはアンテナの中央（給電部）付近を示しています。左右に伸びるエレメントは、全長が約三三センチメートルになるよう、それぞれ約一六・六センチメートルにします。

エナメル線の表面はコーティングされているので、そのままでは電気が流れません。そこで、ハンダづけする部分の表面をヤスリで削って、中の銅線をむき出しにします。

エレメントをハンダづけする同軸ケーブルは、インピーダンス（120ページ参照）が五〇オーム（Ω）の5D-2Vという製品を使います。やや細い3D-2V（やはり五〇オーム）でも同じように使えます。

同軸ケーブルの芯線を五ミリメートルほど出し、まわりの絶縁体（外被）を取り除き、外導体の編み線（外部導体編組）をきれいに切りそろえ、左右にエレメントをハンダづけします。

次は同軸ケーブルの他端に、この後で述べる測定器に接続するためのコネクタ（オス：116ページ写真3-3c）をハンダづけします。写真はM型コネクタですが、接続するアマチュア無線機によってはN型コネクタになります。

「バラン」を作る

アンテナの工作はごく簡単で、同軸ケーブルにエレメントとコネクタをハンダづけすれば完成です。しかし同軸ケーブルにハンダづけすると、じつは次のような問題が生じます。

ダイポール・アンテナは左右対称形なので、両エレメントに流れる電流の大きさは等しくしなければなりません。一方、同軸ケーブルは、一般に外導体を送信機の近くで接地（アース）して使うものです。したがって同軸ケーブルをエレメントにハンダづけすると、左右のエレメントの電流がやや異なる場合には、その差分の電流が本来流れるはずがない同軸ケーブルの外導体の外側に流れてしまいます。

このとき同軸ケーブルの外導体がアースしてあれば、差分の電流がアースを通して地面に流れるので、外導体に漏れるのが防げます。ところがアースがないと、最悪の場合には送信している

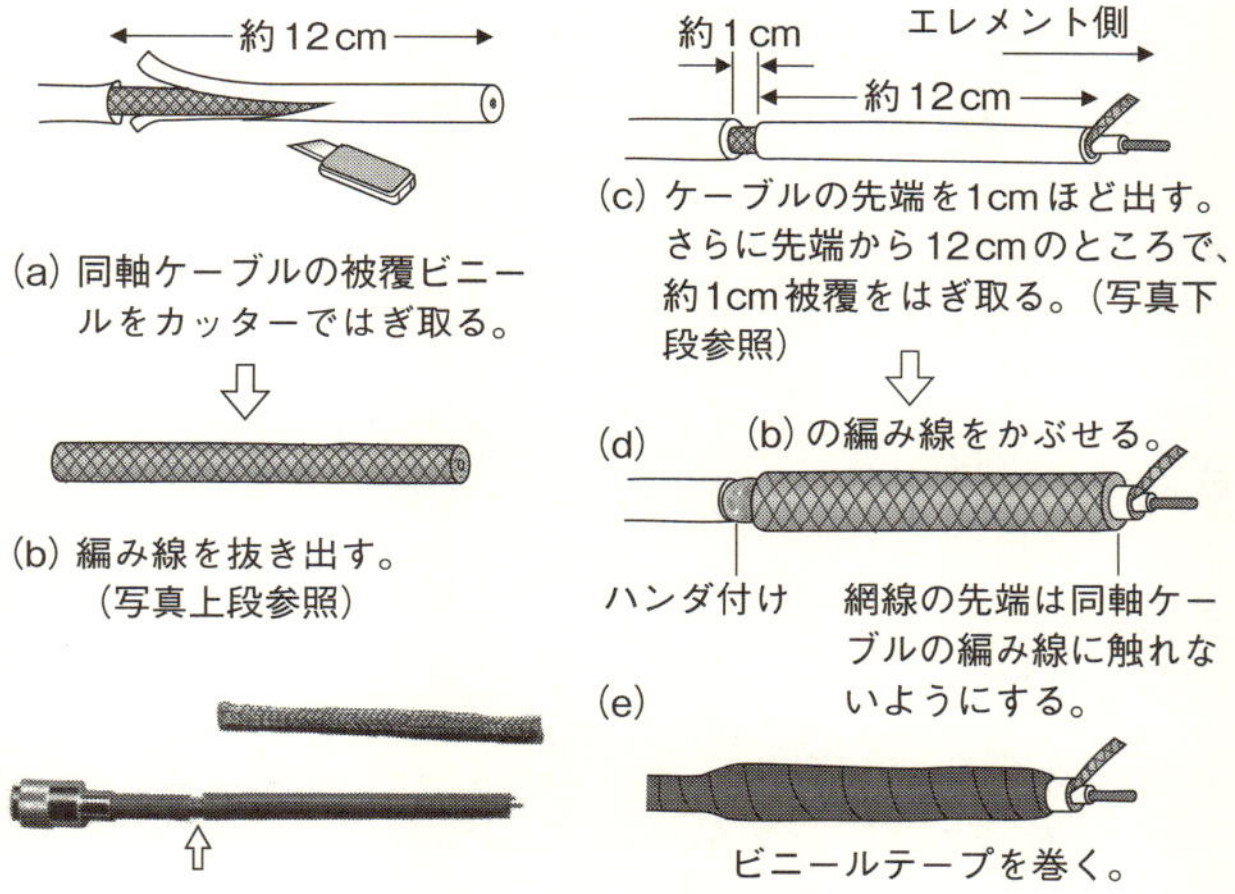
約12cm
(a) 同軸ケーブルの被覆ビニールをカッターではぎ取る。
(b) 編み線を抜き出す。（写真上段参照）
約1cm
エレメント側
約12cm
(c) ケーブルの先端を1cmほど出す。さらに先端から12cmのところで、約1cm被覆をはぎ取る。（写真下段参照）
(d)
(b) の編み線をかぶせる。
ハンダ付け
網線の先端は同軸ケーブルの編み線に触れないようにする。
(e)
ビニールテープを巻く。

図3-1　バランの工作手順

電力の一部が送信機にもどってしまい、部品の一部が壊れることもあります。

さらに、漏れた電流は一方向にのみ流れる高周波電流なので、外導体の外側からも電波の放射が起こります。その電波がエレメントからの放射と合成されて、電波放射の形がいびつになってしまうのです。

また、エレメントを直にハンダづけしたために外導体に電流が流れてしまうことで、同軸ケーブルが受信アンテナとして機能してしまい、アンテナ周辺のノイズを受信してしまいます。

そこで外導体外側に流れる電流を防ぐためにバランとよばれる細工をします。同軸ケーブルを、四分の一波長分の長さの外導体編み線で覆うのです（図3‐1）。

この編み線は、余っている同軸ケーブルから切り出して使うとよいでしょう（同図a／b）。図のものは約一二センチメートル長の編み線を使っています。波長六九センチメートルの四分の一なら一七センチメートルくらいですが、同軸ケーブルを覆う樹脂に密着すると電波の速度が遅くなる（波長が短くなる）ので、その分だけ短くしています。

そして図左下の写真の矢印で示す部分でむき出しにした同軸ケーブル外導体に、編み線の左端を一周にわたってハンダづけし、全体をビニールテープで巻きます（同図c～e）。

これによって、エレメントの接続点から同軸ケーブル側を見ると、電気的に絶縁したのと同じ状態になり、両エレメントに流れる電流の大きさは等しくなります。

ダイポール・アンテナのインピーダンス

この手作りダイポール・アンテナのアンテナ特性を、測定器を使って調べてみました。

アンテナを送信用に使う場合に重要なのは、使いたい周波数で、電力がすべてアンテナに送られて、アンテナからは電力が戻ってこないということです。これを実現するためには、アンテナのインピーダンスが、同軸ケーブルの特性インピーダンスと同じ五〇オームになっている必要があります。

インピーダンス（impedance）とは「妨げる（impede）」に「状態・性質」などを示す名詞語

尾anceがついた電気用語で「交流回路の電気抵抗」をいいます。たとえば送信機と受信機のそれぞれのケーブルとアンテナは、いずれも固有のインピーダンスをもっています。それらのインピーダンスが同じでないと送・受信はうまくいきません。

ちなみに直流回路の抵抗値は「抵抗（レジスタンス：resistance）」といいます。

写真3‐4は、アマチュア無線家向けに開発されたインピーダンス測定器の一つを、手作りアンテナのコネクタに接続したものです。写真は床に置いて撮られていますが、実際には周囲に金属などがない広い空間で支えて測定します。

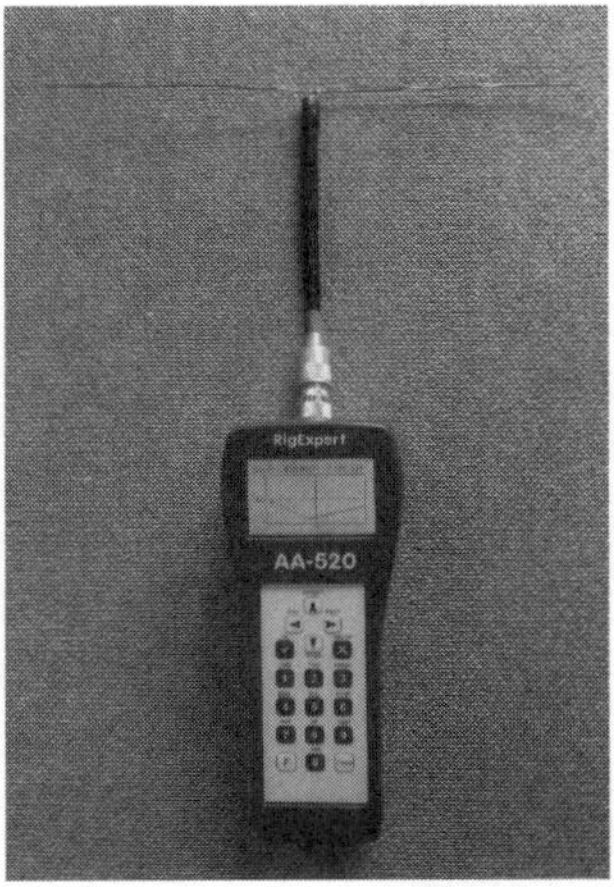

写真3-4　インピーダンス測定器

次ページの写真3‐5が測定結果です。上側の実線グラフがインピーダンスで、中央位置（同写真の▲）は設計通り四三五メガヘルツ、六〇オーム付近を示しています。一方、下側の右下がりの点線グラフはリアクタンスです。

手作りアンテナのリアクタンス

リアクタンス（reactance）とは、交流回路のコイル（インダクタ）やコンデンサ（キャパ

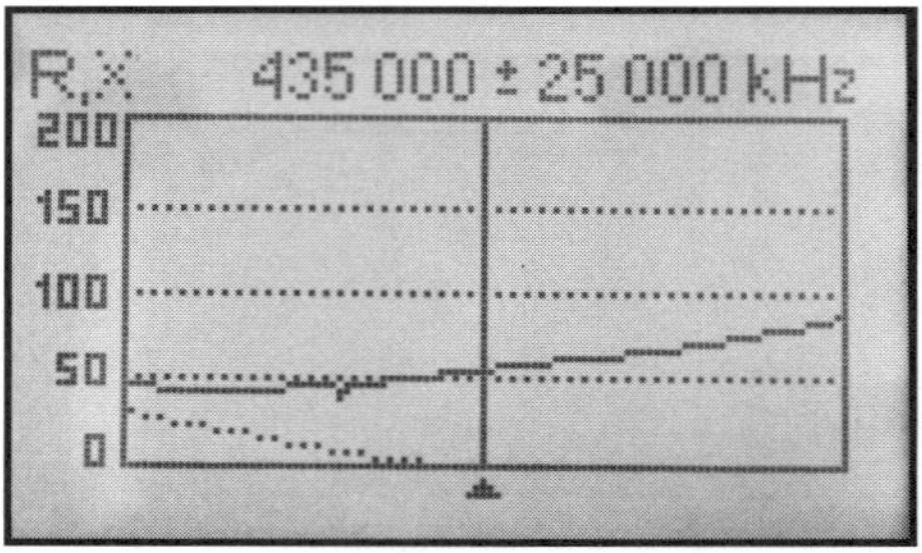

縦軸：インピーダンス（Ω）　横軸：周波数（kHz）

写真3-5　インピーダンス測定結果

シタ）の電圧と電流の比です。電気抵抗と同じ物理的次元をもち、単位もオームです。ただしリアクタンスはエネルギーを消費しない擬似的な抵抗で、誘導抵抗、感応抵抗ともいいます。

リアクタンスの値が正のときには磁気エネルギーが分布している誘導性（誘導係数：インダクタンス）を示し、負のときには電気エネルギーが分布している容量性（電気容量：キャパシタンス）を示します。

測定結果では、リアクタンスがゼロのとき、電気エネルギーと磁気エネルギーが等しくなっていることを示しています。アンテナはこの状態のとき、もっとも効率よく電波を送・受信できるのです。

手作りアンテナの定在波比

次に写真3－6は定在波比（ＳＷＲ：standing wave ratio）の測定結果です。

定在波（定常波ともいう）とは、アンテナのエレメントに送り込んだ電気（電磁波）が、エレ

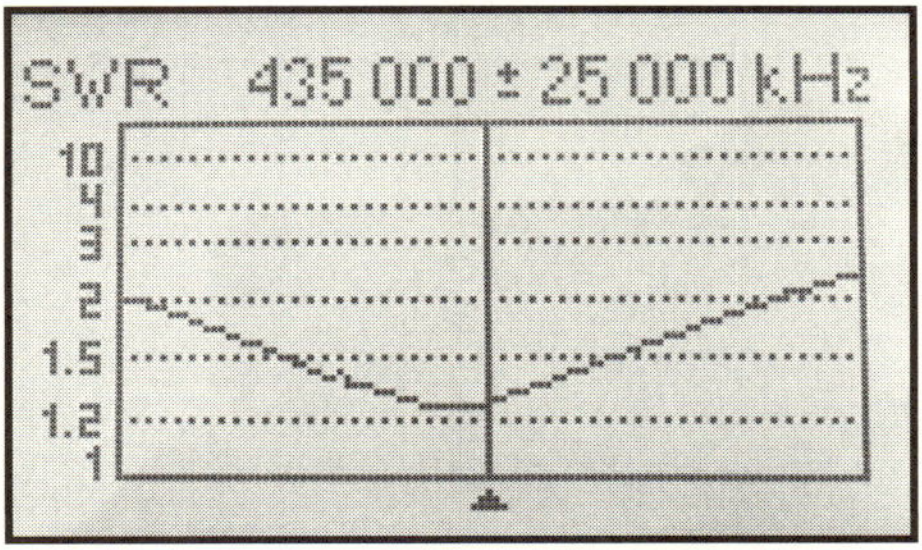

縦軸：定在波比　横軸：周波数（kHz）

写真 3-6　定在波比測定結果

メント終端で反射して返る波と干渉してできる波のことで、その最大振幅と最小振幅の比を定在波比といいます。

つまりグラフの中央あたりでもっとも落ち込みが大きいということは、四三五メガヘルツ付近でもっともアンテナ給電点に戻ってくる電気（電磁波）が少ないことを意味します。

もしも給電点でアンテナから戻ってくる電気（電磁波）がなければ、定在波比は一になります。このときアンテナが電気エネルギーを放射する効率がもっともよくなっています。そして定在波比が一より大きければ、アンテナと同軸ケーブルのインピーダンスが合わない状態で、すべてのエネルギーが放射されてはいないことになります。

したがってこの手作りアンテナはインピーダンス、定在波比が周波数四三五メガヘルツ付近でもっともよい状態で動作していて、リアクタンス成分（電力を電源に戻してしまう）はほぼゼロなので、供給された電気エネルギーのほとんどを空間へ旅立たせることがわかります。

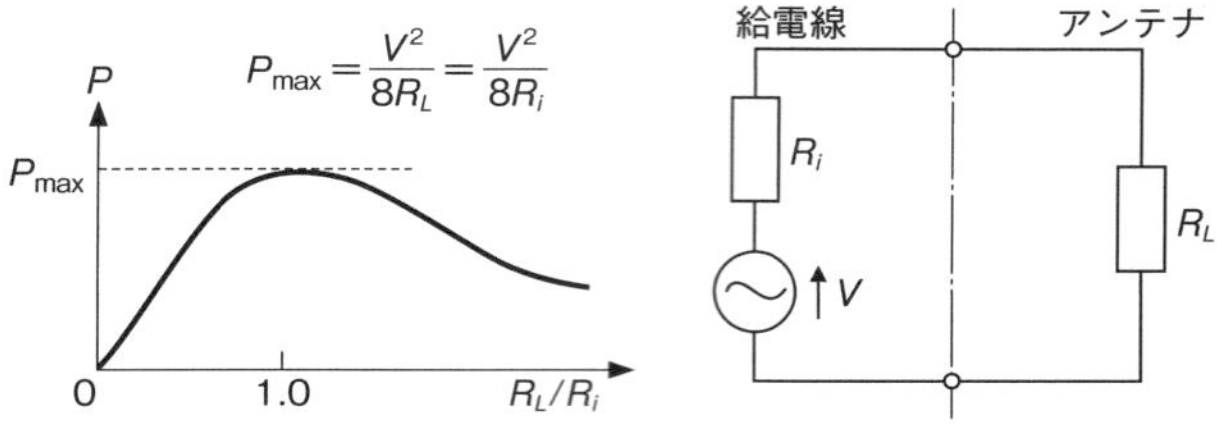
$P_{max} = \frac{V^2}{8R_L} = \frac{V^2}{8R_i}$
P
P_{max}
0
1.0
R_L/R_i
給電線
アンテナ
R_i
V
R_L

図 3-2　アンテナの発信回路とその特性

この手作りアンテナは、実際の通信でも十分に使えそうです。

アンテナの整合

ここまで述べてきたように、アンテナに供給される電力を無駄なく電波として発信するには、供給した電力がアンテナから戻ってこないようにしなければなりません。そのためにもっとも重要なことが「アンテナの整合」です。

たとえば図3-2右はアンテナのインピーダンスがR_Lオーム、電気を供給する側の内部抵抗をR_iオームとした回路です。R_iとR_Lが等しいとき、アンテナに供給される電力Pが最大（P_{max}）になります（同図左）。

アンテナに供給される電力を無駄なく電波として発信するような状態を「整合がとれている（またはマッチングしている）」といいます。もしも完全に整合（マッチング）していない場合は、アンテナに供給された電力の一部が回路に戻ってきてしまい、それだけアンテナ性能が劣ることになってしまいます。

写真 3-7　エレメントを折り曲げて整合したアンテナ

たとえば市販されている送信機は、インピーダンス五〇オームの同軸ケーブルを接続することを想定しています。そのため市販のアンテナも、同じくインピーダンス五〇オームに設計されています。一方、教科書に出てくる二分の一波長ダイポール・アンテナのインピーダンスは理論値で、約七三オームです。もしもこれを五〇オームの同軸ケーブルに直付けすれば、整合しません。

そのため直線状のエレメントの先端部を曲げて、入力インピーダンスを五〇オームにしたアンテナもあります（写真３－７）。エレメントの先端近くで曲げるとインピーダンスはわずかに小さくなるので、その位置をずらしていくと、五〇オームになる位置がみつかるというわけです。

また、先に手作りアンテナのエレメントの長さを波長の九七パーセント程度に短縮したのも、ちょうど二分の一波長ではリアクタンスがわずかに残るので、その分だけエレメントを少し短くして、リアクタンスをゼロにする整合のためなのです。

アンテナが電波をつかまえる様子

次にこの手作りアンテナが受信する様子を、CGで視覚化してみました（図3-3）。面の中央に水平に設置したダイポール・アンテナの左手前から進んできた電波（変化している電界）を、アンテナがキャッチしているときのコマ送り画像です。電界の表示はエレメントを含む一つの水平面だけですが、もちろん電波は空間全体を移動しています。

図3-3aでは、電波（色の濃い領域）が左手前から中央にあるアンテナに近づいています。

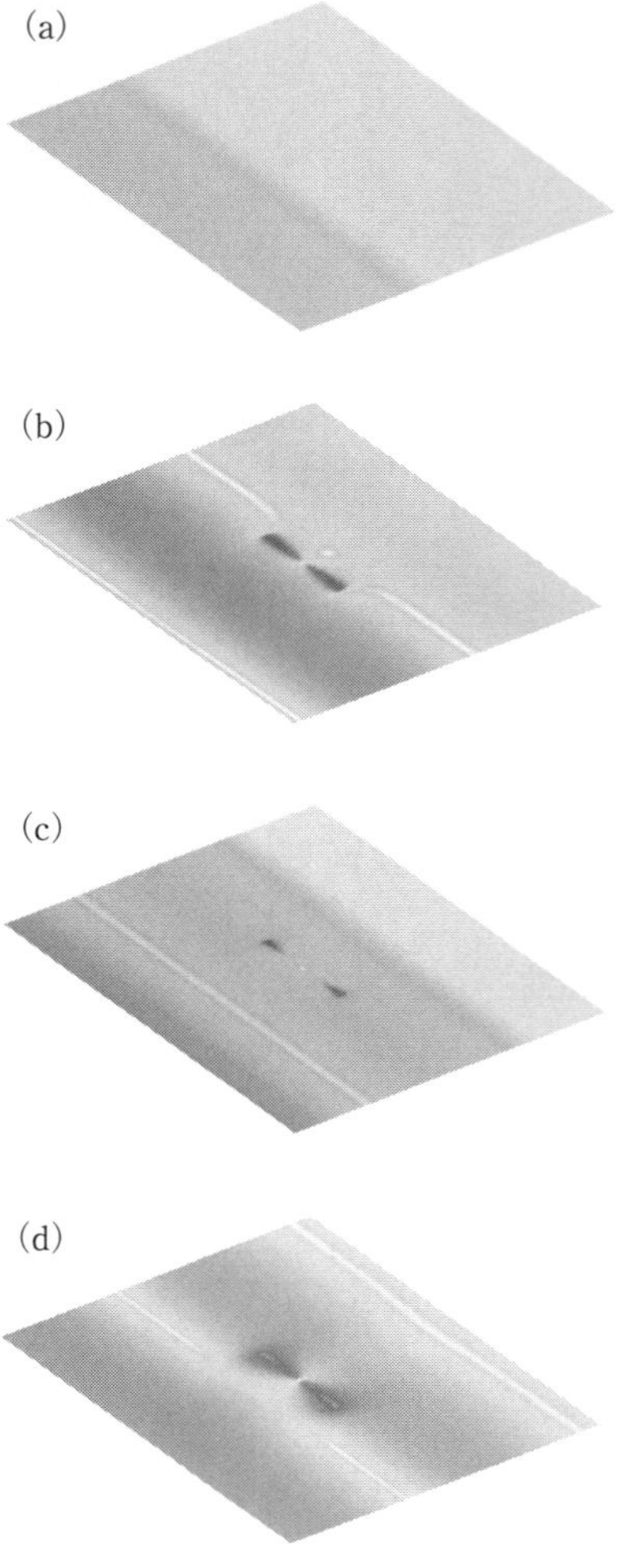

図3-3　手作りアンテナの受信状況

次の同図bでは、電波がアンテナを通過した直後に、エレメントのまわりの電界が強くなっていく（色が濃くなっていく領域）のが確認できます。エレメントの両端は特に濃いので、電界が強いことがわかります。また、白く抜けて表示されているエレメントの中央部は、端部に比べ電界が弱いことがわかります。

続く同図cは、電波がアンテナを通り過ぎて、さらに先まで進んだときの電界強度分布です。そして同図dはさらに時間が経った状態です。アンテナのまわりの色の濃くなっているところは電界が強くなっている領域で、アンテナが電波のエネルギーをキャッチしている様子がわかるでしょう。

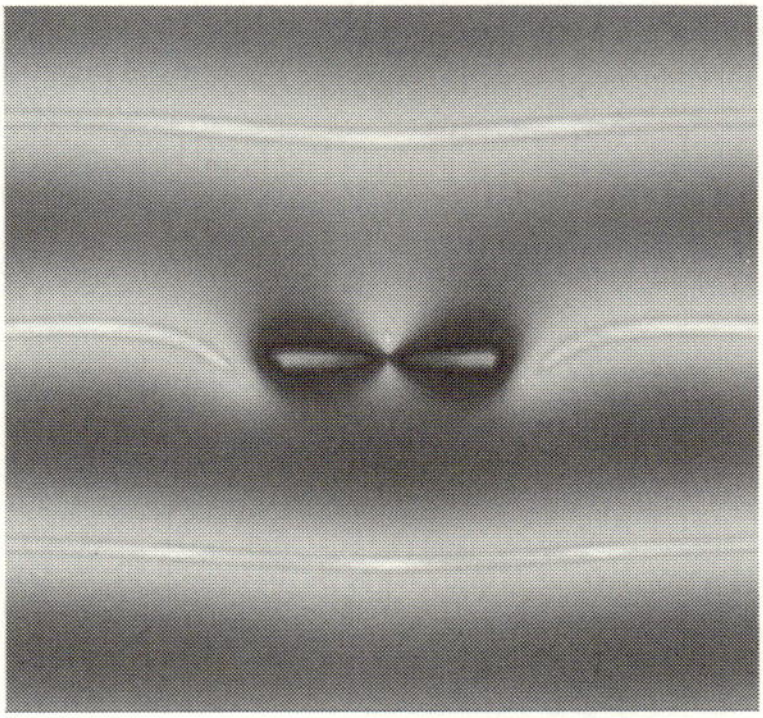

図3-4　手作りアンテナの電界強度

図3‐4は、電磁波が通過してしばらく経った、ある瞬間の電界強度で、色の薄い領域で強くなっています。中央の二本の棒がダイポール・アンテナの左右のエレメントで、左右対称に明るく（白く）表示されている領域内には、電界が強く分布しています。

電波の波頭は、アンテナから離れた位置では直線状ですが、アンテナの近くではエレメントからやや離れた位置で曲がっていることに注意してください。これは、電界（電気力線）が常に金属面に垂直に分布するからです。

このようにエレメントに接触していない電界領域でも、それが近場の場合は、空間を移動している電磁エネルギーの一部を取り込んでいるのです。

3-3 針金アンテナのルーツ

針金アンテナへの道

現在のダイポール・アンテナは、このように針金一本であっけないほどシンプルです。ヘルツ・ダイポールの両端にある金属球や金属板（容量体）がなくても、遜色なく送・受信できるわけです。ヘルツがこれらを付けたのは、おそらく静電気の実験器具で使われていた容量体を利用して共振器を構成したからだと思われます。

電気製品は、一般に技術の積み重ねから次第に複雑な構造になっていきますから、アンテナは逆の経過をたどった珍しい例といえるでしょう。中でも針金だけのダイポール・アンテナは画期的な発明でした。

筆者（小暮裕明）は中学生の頃、アマチュア無線用のダイポール・アンテナを建て、短波帯の交信を夢中になって受信していました。国内だけではなく海外の局からも聞こえてくるのが、うれしく、また不思議でしかたありませんでした。

最初の頃は、アンテナの元祖は針金でできる入門用のダイポール・アンテナだとばかり思っていました。ところがあるときアンテナの歴史にふれた本で、複雑な構造のヘルツ・ダイポールが元祖と知りました。それでは、はじめに針金のアンテナを作ったのは誰か？　また、何がきっかけだったのか？　という疑問がわいてきました。そこでアンテナの歴史をみていくと、気になるアンテナがありました。

アマチュア無線家は自作派が多く、とくに針金のアンテナは作りやすいのでさまざまなタイプが試されています。その中に一九一二年に考案されたツェッペリン・アンテナがあります。現在アマチュア無線家が使っているのは、はしご形の給電線（はしごフィーダー）に単線

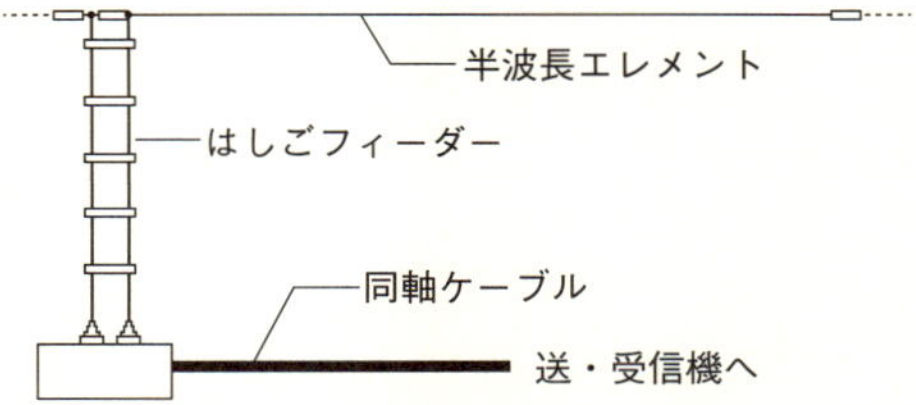

図 3-5　ツェッペリン・アンテナ

の半波長エレメントをつないだタイプです（前ページ図3‐5）。

ツェッペリン・アンテナ

ツェッペリンとは一九〇〇年に初飛行したドイツの飛行船の名前で、製作者の名（フェルディナント・フォン・ツェッペリン伯爵：一八三八～一九一七年）でもあります。一九二九年の世界一周飛行では日本にも寄港しました（同年八月一九日茨城県土浦：写真3‐8）。

この飛行船に使われたアンテナ形式なので、今日でもツェッペリン（ツェップ）・アンテナとよばれているのです。

ツェッペリン号のアンテナは当初、短波帯の波長に適した、導線を吊り下げるタイプでした（図3‐6a）。これは同図bのようになっています。AからBまでは平行二線のように見えますが、B位置からDまでは一本線です。ABを給電線（はしごフィーダー線）、BDの長さを二分の一もしくは四分の一波長と考えれば、今日アマチュア無線家が使っているツェッペリン・アンテナとまったく同じ構造です。

しかし当時の飛行船は水素ガスを詰めて浮揚させるため、船体に接地（アース）するタイプのアンテナでは、強い接地電流によってアンテナの接続部に発生する火花が、その水素に引火するおそれがあります。このためいろいろな形のアンテナが試され、ついに船体にしっかり固定する

写真 3-8　土浦に飛来したツェッペリン号

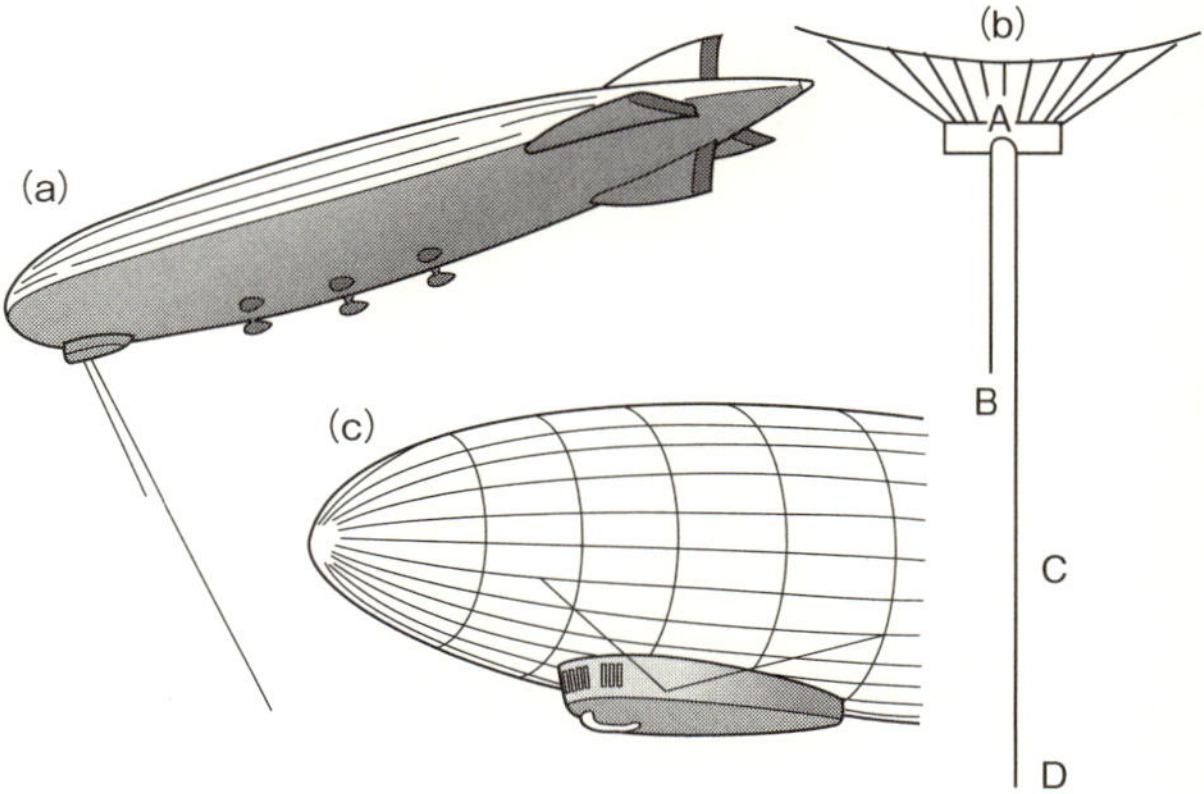

図 3-6　ツェッペリン号のアンテナ

ようになりました（同図c）。少し斜めに張ってありますが、仕組みとしては今日のダイポール・アンテナそのものです。

空を移動する飛行船は、大地に固定したアースをとれないので、アース線の代わりに導線を用いるというアイデアが浮かんだのでしょう。筆者は、これが針金による二分の一波長ダイポール・アンテナの原型ではないかと思っています。

ツェッペリン号のアンテナが針金ダイポール・アンテナの元祖というのは、あくまでも筆者（小暮裕明）の推測にすぎません。しかし金属球がなくても、針金の両端に同じような電荷が分布するというのは、まさに「目からウロコ」的な発見といえるでしょう。

日本人の世界的発明

針金のアンテナの代表は、おなじみのテレビ受信用のＹＡＧＩアンテナです。

ＹＡＧＩアンテナは一九二五年に、当時、東北帝国大学工学部教授だった八木秀次（一八八六～一九七六年：写真3‐9a）と講師の宇田新太郎（一八九六～一九七六年：同写真b）が発明しました。ですから正式には「八木・宇田アンテナ（YAGI-UDA antenna)」です。

ＹＡＧＩアンテナは、わずかに長さが異なるダイポール・アンテナを配列しただけの簡単な構造ですが、特定方向へ電波を強く放射でき、また特定方向からの微弱な電波を効率よく受信でき

a：八木秀次　　　b：宇田新太郎

写真 3-9　YAGI アンテナの生みの親

るため、テレビやFMラジオのアンテナとして、世界中で活躍しています。

ＹＡＧＩアンテナの発明に関しては、ちょっとした秘話が伝えられています。

アンテナから限られた方向にだけ電波が出せれば、その電波は、周囲にまんべんなく放射されるよりも強いことになります。同じ電力を供給したとき、ある方向への電波が、周囲にまんべんなく出された場合の電波より何倍強いかを「利得（ゲイン）」といいます。いわばアンテナ性能の基準となる数値で、単位はデシベル（dB）です。

アンテナ利得の数値が大きいほど、同じ電界強度の電力を供給、または電波を受信したとき、アンテナから放射される、または取り出せる電波の強度が大きくなります。つまり、より強い電波を放射、または弱い電波もキャッチできることになるのです。

写真 3-10　初期のYAGIアンテナ

また目的方向に電波が集中するということは、不要な方向へ向かう電波が少なくなることを意味するので、これもアンテナとしては好ましいことになります。

アンテナの利得を上げる方法の一つが、背後に反射板を置くことです。ヘルツもそのような仕組みを作っています（83ページ写真2-9）。

この反射板は極力小さいほうが望ましいのはいうまでもありません。小型化が追求された結果、一九〇〇年頃には反射板は金属棒（導体線）にまでなりました。金属棒を並べることで金属板と同じ効果があるのです（146ページ参照）。

あるとき八木の研究室の学生の一人が、偶然、この導体線をアンテナより短くすると、そこに流れる誘導電流によって電波が増幅されることを発見しました。学生から報告を受けた八木は、宇田にこの現象の研究をテーマとして与えました。

宇田は、送信アンテナと受信アンテナの間にさまざまな長さの導体線を置いて、実験していきました。すると、受信アンテナの前に、アンテナより短めの導体線を置いたとき、利得が大きくなりました。また、送信アンテナの後ろに長めの導体線を置くと、同じような効果があることを発見しました。短めの導体線は電波を導くので「導波器」、長めの導体線は電波を反射するので「反射器」です（149ページ参照）。

　こうしてアンテナより前に導波器を並べ、アンテナの後ろに反射器を置くことで、利得の大きなＹＡＧＩアンテナが生まれました（写真３‐10）。


日本人が知らない⁉


　八木・宇田アンテナが発明された当時は、発電や変電に関わる「強電」一辺倒の世の中で、無線技術などの「弱電」は主流から外れていました。現代では主役が交代していますね。さらに、この時代の電波利用は長波が全盛で、「超短波をやると発狂するぞ」という人がいるくらい超短波は未知数の分野だったのだそうです。

　大正一五（一九二六）年二月には最初の論文が帝国学士院に提出され、続いて学会誌にも発表されて、宇田はこの研究により博士号も取得しました。

　しかし、このアンテナの特許出願者が八木単独名だったことから、いつの間にか「宇田」の二文字が消えてしまい、世界的にはYAGI Antennaとよばれています。宇田新太郎博士は、後年「八木・宇田」という名称にこだわったといわれています。

残念ながら、この特許技術は日本では実用化されず、特許権はイタリアのマルコーニ社に買い取られました。

太平洋戦争最中の一九四二年、シンガポールを占領した日本軍がイギリス軍のレーダーを捕獲したとき、押収したノートに「YAGI aerial array」という言葉が術語として書かれているのを発見しました。aerial array がアンテナを指すことは知っていましたが、ＹＡＧＩとは何か？捕虜に尋ねると「このアンテナを発明した日本人の名なのに、本当に知らないのか？」と不思議がられたというエピソードが伝わっています。

第4章　アンテナの構造と働き

4-1 共振型アンテナと非共振型アンテナ

アンテナの分類

初めて電波を実証したヘルツのダイポールからはじまるアンテナは、その後さまざまなタイプが開発されてきました。そして現在使われているアンテナは、その外観がいろいろ異なっていて、それぞれ別の仕組みで働いているとしか思えないほどです。

そこで数あるアンテナを分類してみようと思います。分類の基準はいろいろありますが、筆者なりに分けてみましょう（表4-1）。

まず「共振型」と「非共振型」で分けられます。

共振型の仕組みは、ヘルツ・ダイポールが原点です。143ページで述べるように、進行波を送って反射波を作り、両者を合成して定在波を得ており、「定在波型アンテナ」ともいわれます。二分の一波長の共振を利用するので、使える波長域が限られます。

第1章で取り上げたアンテナでは、地デジ受信用のYAGIアンテナ、ケータイの基地局や無線LANのホットスポット、さらにケータイやスマホの内蔵アンテナ、コードレス電話などのア

4-1　共振型アンテナと非共振型アンテナ

共振型（定在波型）アンテナ	非共振型（進行波型）アンテナ
特徴：$\frac{1}{2}$波長共振を利用 帯域幅が限られる ダイポール・アンテナ、YAGIアンテナ（非接地系）、垂直アンテナ（接地系）など	特徴：共振を利用しないので 広帯域 ホーン・アンテナ（開口面アンテナ）、テーパード・スロット・アンテナなど

電界（検出）型アンテナ	磁界（検出）型アンテナ
特徴：$\frac{1}{2}$波長の共振がベース 接地系のエレメントは$\frac{1}{4}$波長 用途： ・放送送信（中波は接地系） ・放送受信（YAGIアンテナなど） ・携帯電話（垂直ダイポール）	特徴：波長にくらべてきわめて小さい寸法にすることが可能 用途： ・電波時計（例：40kHz／波長＝7.5km） ・キーレスエントリ（例：315MHz／波長=95cm） ・RFIDタグ（例：13.56MHz／波長＝22m）

表4-1　アンテナの分類例

ンテナ、それに自動車のガラス・アンテナが共振型です。

これに対して非共振型は、反射波の発生をできるかぎり抑えて進行波だけを使うため「進行波型アンテナ」ともいいます。特定周波数で共振させないので、広い周波数帯域で使えます。

第1章で取り上げたアンテナでは、BSやCSの受信で使われているパラボラ・アンテナの焦点に置かれたホーン・アンテナが、いちばん身近な非共振型アンテナでしょう。このあと174ページからで紹介するレーダー・アンテナにも、しばしば非共振型が用いられています。

共振型アンテナはさらに「接地型」と「非接地型」に分類することができます。

接地型アンテナとは、エレメントの一端を地面に接地（アース）することで動作するアンテナをいます。車載の接地型アンテナでは、地面の代わりに車体の鉄板部分にアースします。船舶に設置して海上で使用する場合は、アース線を海中に投入します。

たとえば地上の四分の一波長のアンテナを地面に接地することで、地中が仮想的にもう一方の四分の一波長のアンテナの役割を果たし、結果として二分の一ダイポール・アンテナと同じ動作をさせることができるのです。

第1章で取り上げたアンテナでは、電波時計用の信号を送るJJYの巨大なアンテナ（共振型・モノポール）が接地型アンテナです。

一方、非接地型アンテナは、エレメントの両端が空中に開放されているアンテナで、代表的なものがダイポール・アンテナです。非接地型アンテナは大地の影響をうけないよう、できるだけ高く設置する必要があります。

基本的に二分の一波長や一波長のエレメントで構成されるアンテナは、非接地型アンテナです。YAGIアンテナや各種ループ・アンテナも非接地型アンテナです。

さらに共振・非共振、接地・非接地を問わず、アンテナのまわりに電界を発生させる／検知する「電界（検出）型」と、磁界を発生させる／検知する「磁界（検出）型」という分類もあります。たとえば第1章で紹介した、放送用やケータイ用のアンテナは電界型です。一方、最先端の電波時計やRFIDタグのコイル・アンテナは磁界型です。

この分類をもとに、それぞれをもう少し詳しく見ていきましょう。

ダイポール・アンテナ

まず共振型アンテナについて見ていきます。共振型アンテナのルーツは、ヘルツ・ダイポールから発展したダイポール・アンテナです。

ヘルツはライデン瓶の電極に発生する火花が電波を生むと考えて、高圧を加えた電極間の火花放電を利用した送波器と銅線リングの受波器を考案しました（72ページ図2-13）。その送波器の火花放電するギャップには、そこから両方向へ伸びる金属棒の端にそれぞれ金属球体がついており、それがコンデンサの電極板と同じ働きをします。

コンデンサに直流電流を流すと、瞬時にコンデンサの静電気容量に達してしまい、電流はそこで止まってしまいます。つまり一方向にしか流れない直流電流に対しては、コンデンサは遮断器として働きます。

では、交流電源にコンデンサをつなぐとどうなるでしょうか？

交流電流は極性がプラス↕マイナスと規則的に変化しています。そのためコンデンサは、極性の変化に合わせて充電、放電を繰り返すことになります。電流の向きが交互に切り替わると、極板間に発生する電界の向きも交互に切り替わります。電界の変化は変動する磁界を発生させるの

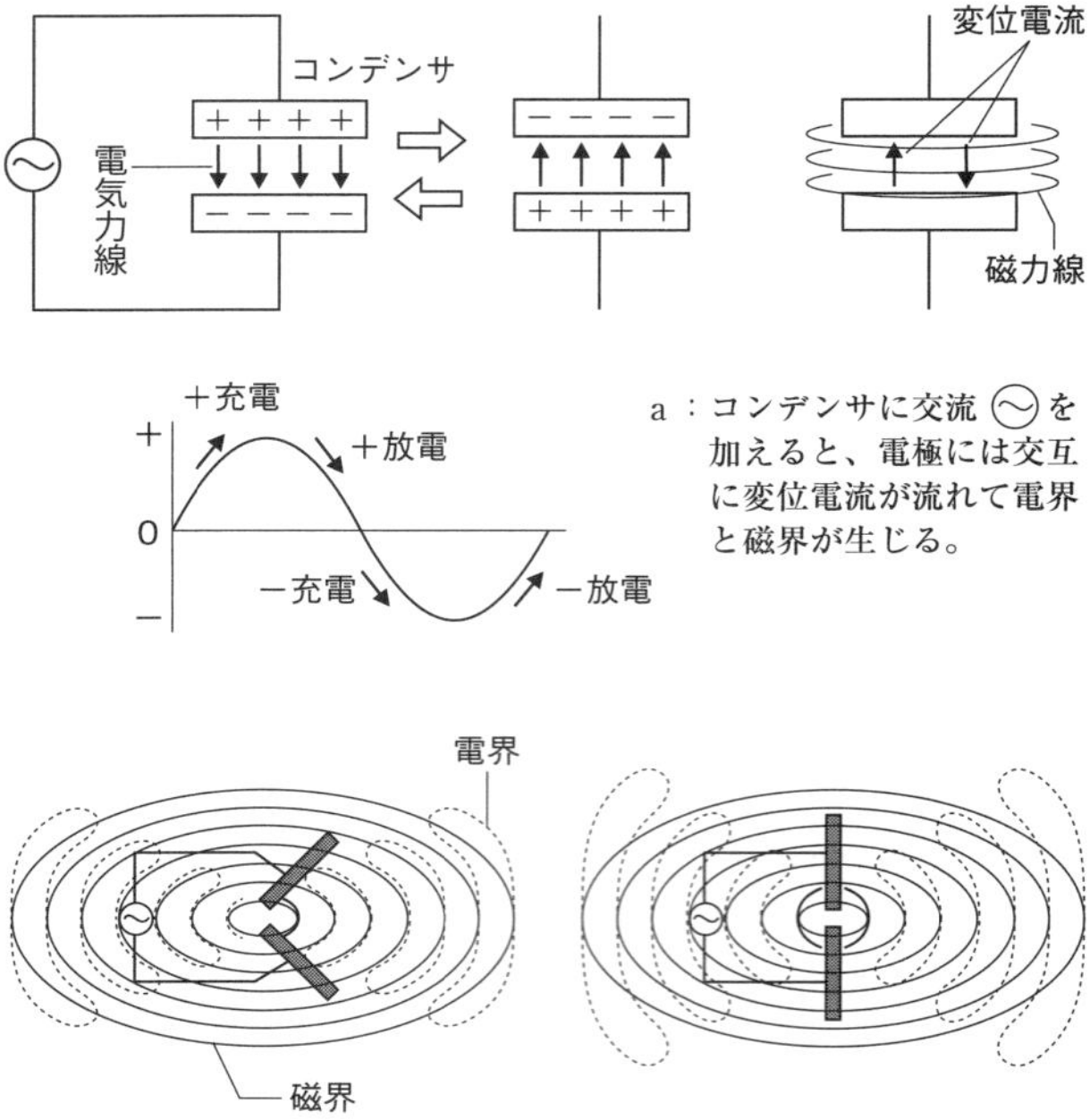
コンデンサ
電気力線
変位電流
磁力線
＋充電
＋放電
－充電
－放電
＋
0
－
a：コンデンサに交流～を加えると、電極には交互に変位電流が流れて電界と磁界が生じる。
電界
磁界

b：コンデンサの電極を開いていくと、アンテナのように電波を飛ばす。

図4-1　コンデンサを開くとダイポール・アンテナになる

で、これは電流が流れることと同じとみなせます（図4-1a）。ただし厳密には、導線を流れる電流は伝導電流、絶縁体を流れる電流は変位電流といって別物です。

ここで、コンデンサの二枚の電極を開いていくと電極間の電界が磁界を生み、それを繰り返すことで電波を飛ばすと考えられます。つまりダイポール・アンテナはコンデンサの電極を開いた状態とみなすことができます（同図b）。

共振の原理

コンデンサの電極は板ですが、じつはこれを導線に変えても、同じようなことになります。ただし細い導線では大電流を送れません。つまり導線のアンテナでは、流せる電流も限られてしまいます。アンテナが発信する電波の強さは、アンテナに流れる電流の大きさに比例するので、細い導線でも、できるだけ大きな電流を流したいところです。

そこで利用されたのが「共鳴」です。これまで何度か、ダイポール・アンテナのエレメントの長さは「使用する電波の波長の約半分にする」と述べてきました。このときアンテナとして最良の性能が得られます。じつは、それが共鳴の効果なのです。

ダイポール・アンテナでは、エレメントの中央に給電点があります。そこに送り込まれた電流はエレメントを流れ、先端で全反射してもどり、さらに反対側の端でも全反射します。

次ページ図4-2の左側の縦列には、点線で表した波が描かれています。左から右へ向かって進む波（⇨）を進行波、また右から左へ向かって進む波（⇦）を反射波とします。

図の①～⑬は、それぞれの波が二分の一波長分だけ進んだ状態を順に描いてあり、進行波と反射波の合成した波を実線で示しています。たとえば①は進行波と反射波がちょうど逆相（山と谷が重なる位置）なので、合成するとゼロになります。これに対して二つの波の位相が揃っている

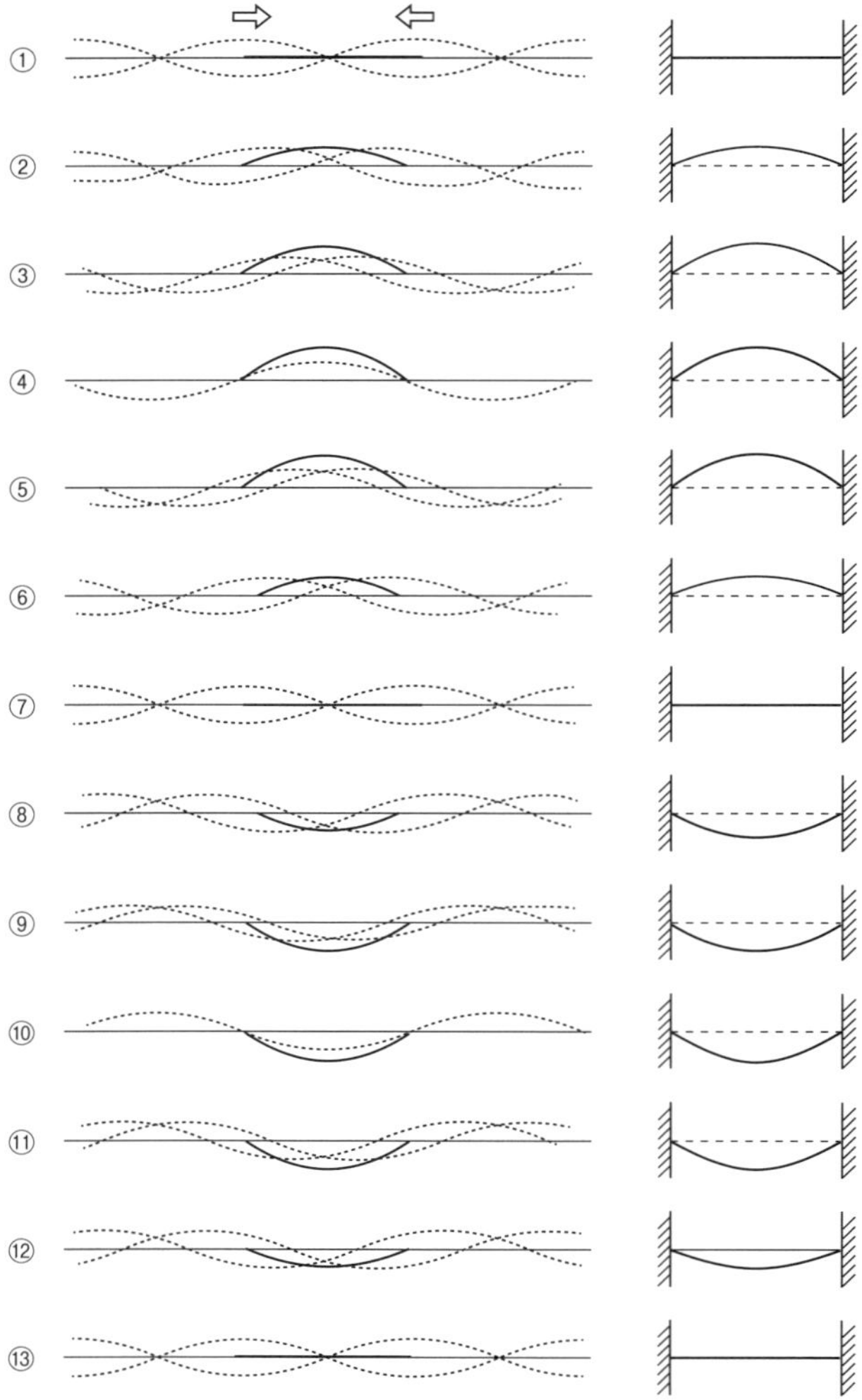

図 4-2　弦の振動で見る共振

④では、大きく膨らんだ山になることがわかります。

このようにして描ける合成波（実線）の二分の一波長部分だけを示したのが右側の縦列です。これが第3章122ページでお話しした定在波の正体です。

両端を固定したギターの弦を爪弾くと、その固有振動数できれいに大きく振動します。同じようなイメージで、電磁波も二分の一波長のエレメントに乗ったとき進行波と反射波が共振して、より強い電流が流れます。これが共振型アンテナの基本原理です。

共振型アンテナでは、エレメント長は二分の一波長が基本となります。すなわち、受信した波長がエレメントの長さの二倍になる周波数が、そのアンテナの固有周波数で、もっともよく共振します。たとえば長さ約一〇メートルのアンテナなら、その二倍の波長（約二〇メートル）すなわち一五メガヘルツの高周波で共振します。

そして、非接地アンテナは四分の一波長の導線を二本、直線上にならべ、つまり全体で二分の一波長にして、中央から給電したものです。このアンテナは、エレメントの長さが波長の二分の一で共振し、給電点でアンテナ電流が最大になります。

一方、四分の一波長の接地アンテナでは、地面下にある「仮想のアンテナ」と合わせて二分の一波長になっていると考えられ、共振周波数は二分の一波長ダイポール・アンテナと同じです。

また、どちらも二分の一波長の二倍、三倍、四倍といった整数倍の周波数でも共振します。

出力増強の工夫

たとえばダイポール・アンテナで受信できる電力は、もう一本増やして受信すれば、二本の電力を合わせて二倍になります。ただし、これは二本の受信アンテナが一波長以上離れて設置されていることが前提の話です。もしもアンテナ同士が近すぎると、お互いに強い影響を受け合います。一方の受信アンテナに流れた電流の再放射によって、他方の受信アンテナに誘導電流が発生し、直接受けた電波による電流を妨げることになるのです。

この状態を素子間の相互結合といいます。

このような現象は、二本の送信用ダイポール・アンテナが接近している場合も同じように考えられます。しかし、両エレメントの間隔を調整すれば、合成した電波を片方向へ強く放射することができるので、特定方向へより遠くまで届きます。

通信距離を伸ばすもう一つの工夫が、134ページで述べた、反射板を使って電波を絞り込むことです。反射板はやがて導体棒になりました。先ほどは厄介者だった素子間の相互結合を逆手に取った工夫です。素子間相互結合の究極の利用がＹＡＧＩアンテナで、簡易な構造で高い利得を得られるアンテナが生まれました。

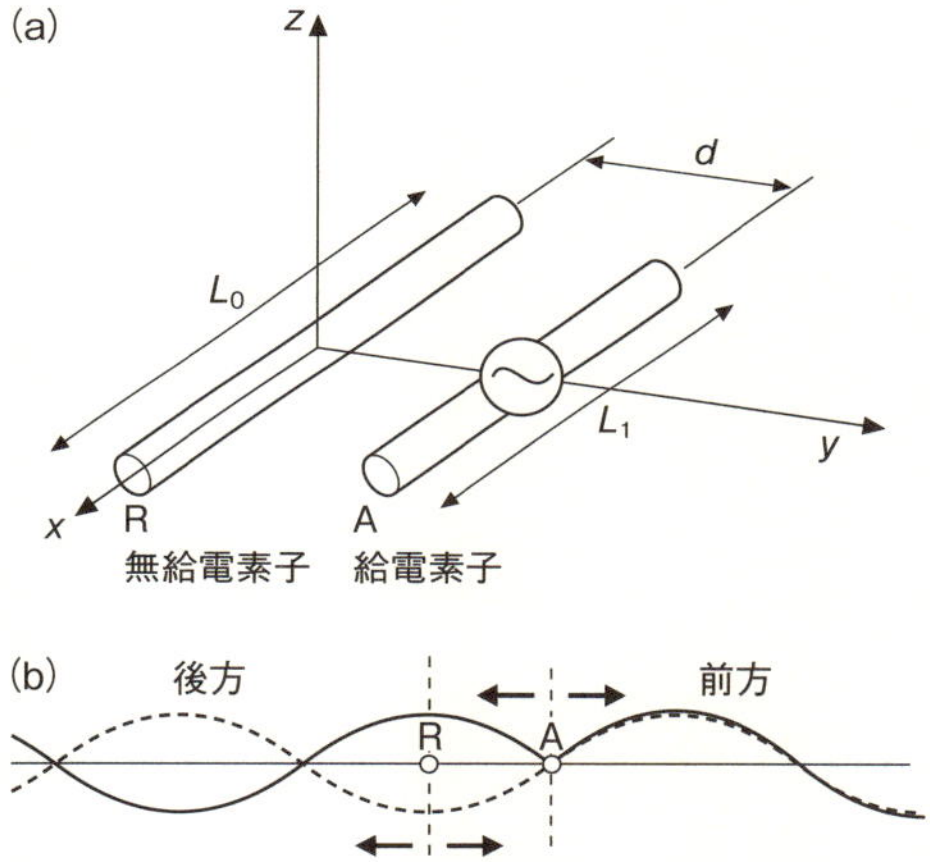

図4-3　配置方によるエレメントの動作

YAGIアンテナの仕組み

YAGIアンテナの動作原理をより理解していただくために図4‐3をご覧ください。

同図aは、給電されたエレメント（給電素子：ダイポール・アンテナ：A）の近くに、給電されていないエレメント（無給電素子：R）を置いています。相互結合により無給電素子にも強い高周波電流が流れます。無給電素子に流れる電流の位相と振幅は、無給電素子の長さ（L）と、素子間の間隔（d）とによって大きく変化し、合成した指向性も大きく変化します。

たとえば同図bでは、Aは水平置きの二分の一波長ダイポール・アンテナを横から見ています。Rは無給電素子で二分の一波長か、それよりもやや長いエレメントにしています。また両エレメントの間隔は四分の一波長です。

ここでAに給電すると、実線で示すAから放射された電磁波によって、無給電素子Rに誘導

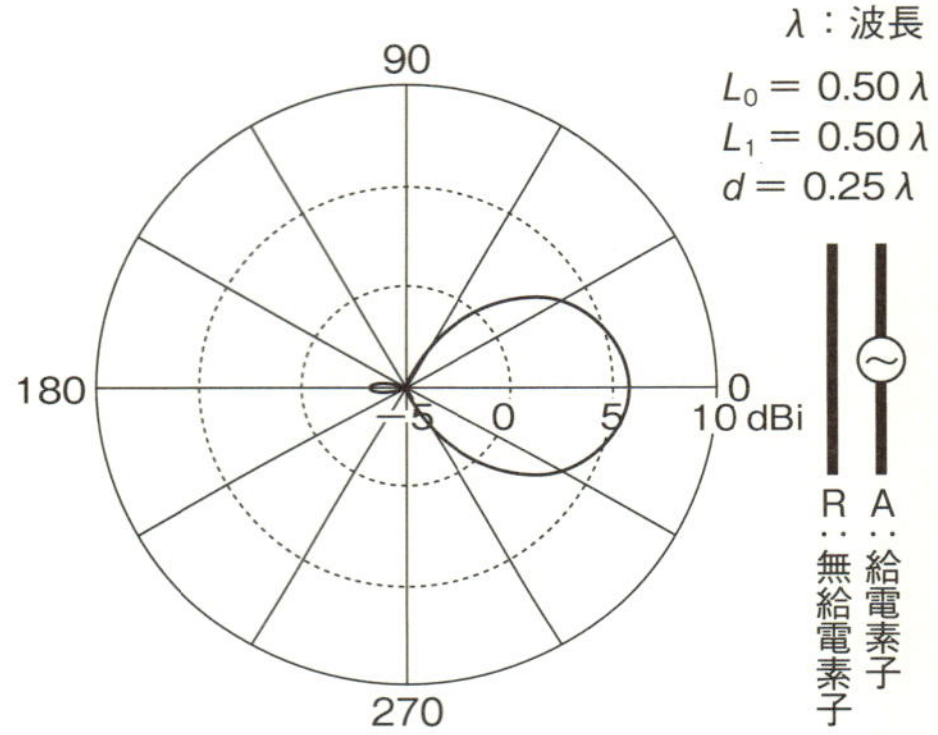
λ：波長
90
L_0 = 0.50λ
L_1 = 0.50λ
d = 0.25λ
180
0
−5
0
5
10 dBi
270
A：給電素子
R：無給電素子

a：Aと同じ$\frac{1}{2}$波長のRを、Aの後ろに、$\frac{1}{4}$波長離して置くと、Rは反射器として動作

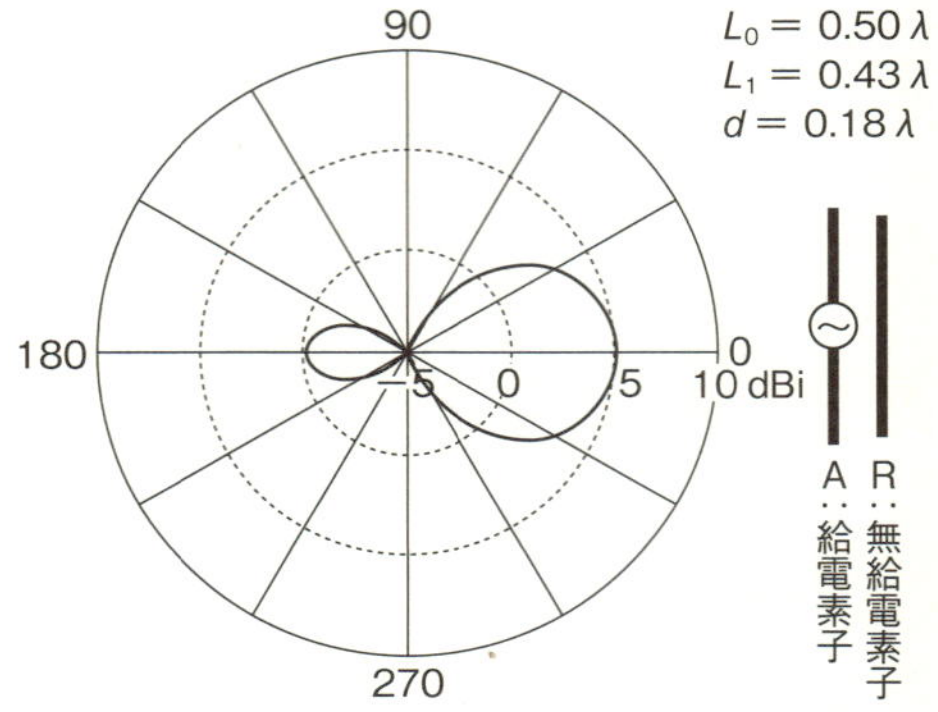
90
L_0 = 0.50λ
L_1 = 0.43λ
d = 0.18λ
180
0
−5
0
5
10 dBi
270
A：給電素子
R：無給電素子

b：Aよりやや短いRを、Aの前に置くと、Rは導波器と

図 4-4　エレメントの配置方法と電波の指向性

電流が流れ、点線で示すように再放射されます。前方の波は山と山が重なって（同相）で強め合い、後ろ方向の波は逆の関係（逆相）になって弱め合います。

また、二分の一波長よりもやや短いエレメントをAの前方四分の一波長の位置に置くと、その

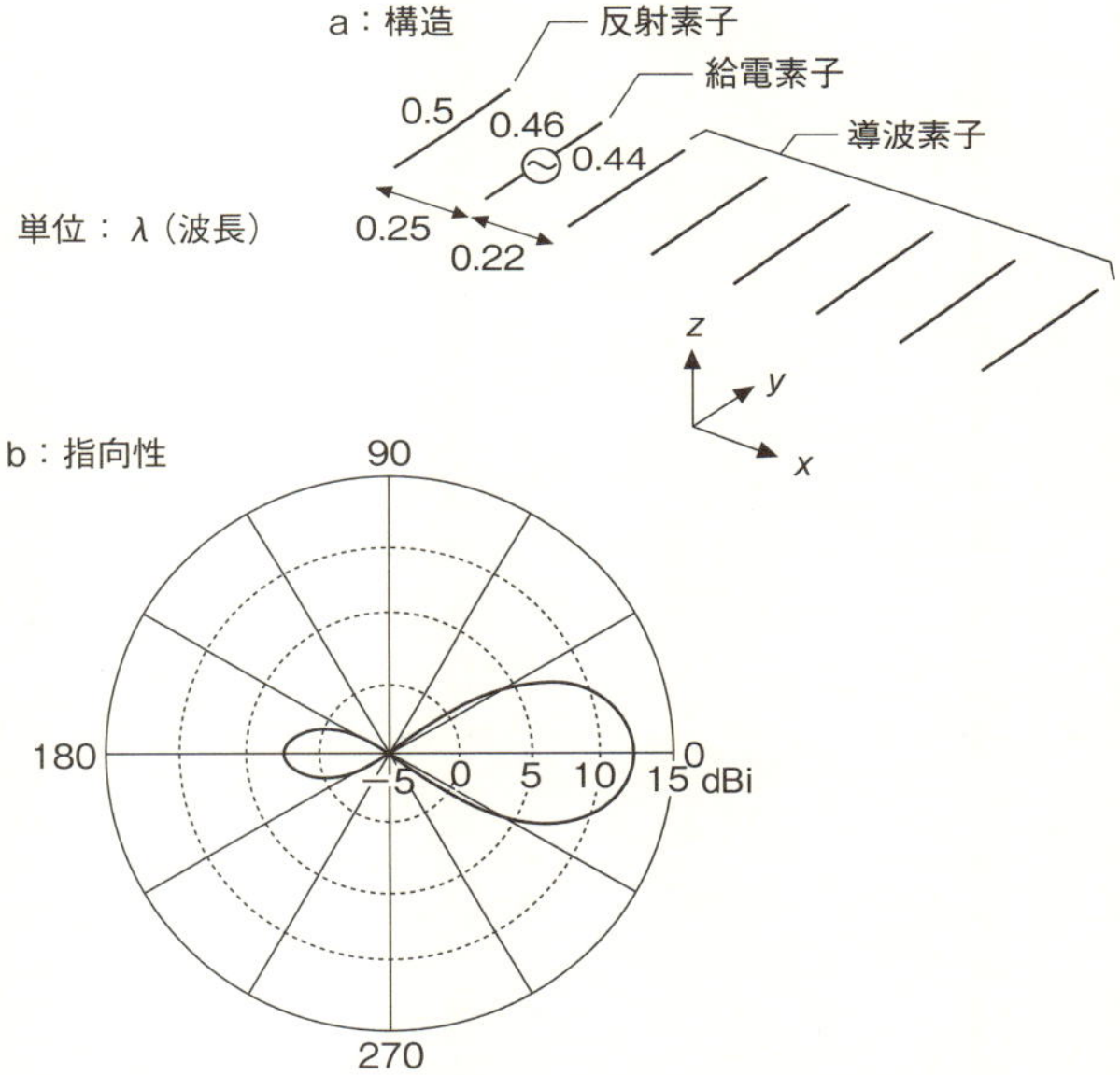

図 4-5　YAGI アンテナのエレメント配置例

誘導電流による再放射では、前方に進む波がAと同相になって強め合います。

図４‐４は電波の指向性を示した図で、中心に紙面に垂直に給電素子が立っている状態です。

同図ａは給電素子（Ａ）の後方に四分の一波長離して、同じ長さの無給電素子（Ｒ）を置いた場合で、電波はＲにはね返される状態になって前方（図では右）に放射されています。一方、同図ｂでは、やや短いＲをＡの前方に、少し間隔を詰めて置いた場合で、電波はやはり前方（同右）へ放射されています。

そこで同じ無給電素子でもａの場

合を反射器、ｂの場合を導波器とよびます。ＹＡＧＩアンテナはこの反射器と導波器とを組み合わせたアンテナです。

前ページ図４‐５に給電素子を一本、反射器一本、導波器六本からなるＹＡＧＩアンテナの構造（同図ａ）と、その電波放射の指向性（同図ｂ）を示しました。反射器と導波器とを巧みに使うことで、鋭い指向性が生まれていることがわかります。

地デジの放送電波の周波数は、四七〇メガ～七七〇メガヘルツで、波長は約三九～六三センチメートルですから、二分の一波長のエレメントは手頃な寸法です。導波器の数を増やすと指向性が強くなります。放送塔から離れた地域で、エレメントが多いＹＡＧＩアンテナが使われているのはそのためです。

モノポール・アンテナ

ケータイやスマホの内蔵アンテナとして使われているのが、モノポール・アンテナです。モノ（mono）はギリシャ数詞の一で、ダイポールでは二つ（ダイ）ある極（ポール）が一つしかありません。ではどのようにして電波を発信しているのでしょうか。

図４‐６はモノポール・アンテナの原理を示しています。まず同図ａはダイポール・アンテナです。同図ｂは、このダイポールの真ん中に無限大の導体板を挿入した場合です。こうするとダ

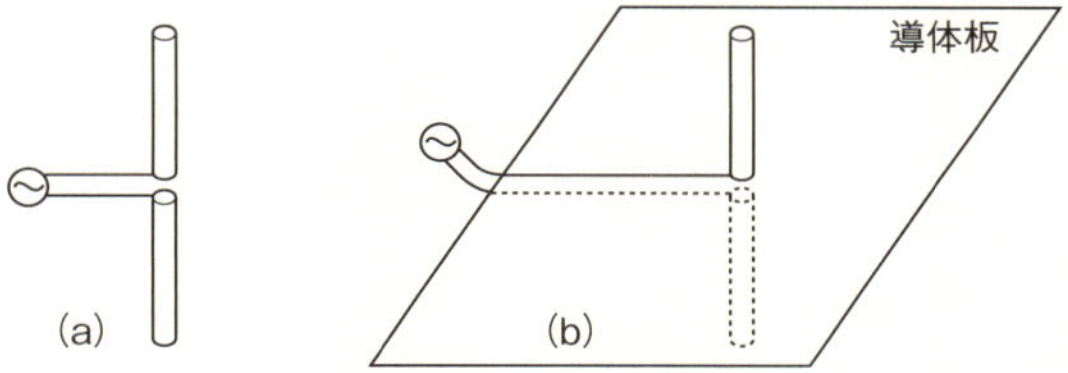

図 4-6　モノポール・アンテナの原理

イポールの下半分は要らなくなります。

導体板にはエレメントに流れるのと同じ量の電流が流れ、ちょうど上半分が鏡に映ったようなイメージで、下半分がなくても指向性が同じになります。つまり垂直に置かれた二分の一波長のダイポール・アンテナの上半分（四分の一波長）だけでも、その振る舞いは変わりません。

電圧は給電線の上側と導体板の間にかけますが、アンテナが半分なので、電圧も半分で済みます。したがって給電インピーダンスも半分になります。ダイポール・アンテナのインピーダンスは約七三オームですが、モノポールでは半分の約三六オーム（理論値）になります。

しかし実際には無限大の導体板を挟むことは不可能ですから、有限の導体板（グラウンド）に四分の一波長の素子を立て、下から同軸ケーブルで給電する構造にしたりします。もちろんアンテナ素子とグラウンドは絶縁します。

そのグラウンドの大きさで、アンテナの指向性やインピーダンス特性が変化します。

たとえばグラウンドを理想導体と仮定し、半径が四分の一波長の円盤状の導体板（グラウンド）をはさめば、水平方向の放射利得が最大になります。

グラウンドをさらに小さくすると、指向性は水平方向に近いのですが、別の問題が起こります。高周波電流がグラウンドを回り込んで給電同軸ケーブルの外導体の外側に漏れるようになり、そこからも放射が起きて指向性が変わり、さらにケーブルの配線状況によっても変化してしまうのです。そこで同軸ケーブルの外導体の外側に電流が流れないように、119ページで述べたバランにあたる処理をおこないます。

後述する接地型アンテナは、このグラウンドがまさに地面になっているアンテナです。

4-2 開口面アンテナ

ホーン・アンテナ

次に、共振現象を利用していない非共振型／進行波型アンテナが、どのような仕組みで送・受信しているのかを見ていきましょう。

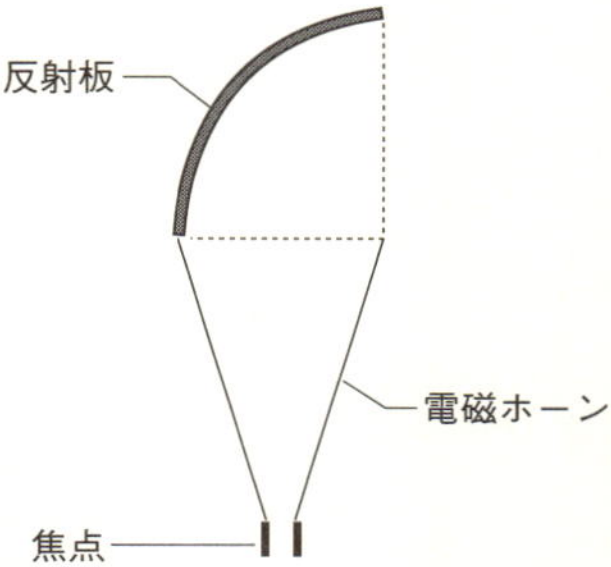

図 4-7　ホーンリフレクタ・アンテナの仕組み

写真 4-1　マイクロ波中継アンテナ

代表的な進行波型アンテナはホーン・アンテナです。たとえばパラボラ・アンテナで、パラボラの焦点に設置される送・受信装置がホーン・アンテナです。

写真４‐１は通信サービスで使われているマイクロ波の中継局で使われているアンテナです。画面の左に見えるのはおなじみの皿形のパラボラ・アンテナですが、右に見えるのもパラボラと同じ仕組みで、反射板（リフレクタ）を備えていて、ホーンリフレクタ・アンテナといいます（図４‐７）。ホーン（horn）は文字通りラッパのような形です。

じつはホーン・アンテナ開発当初のホーンは、楽器のように口が円いラッパ形でしたが、現在では四角形に広がっています（次ページ図４‐８）。

ホーンの口がすぼまった先（図では右側）に断面が長方形の空胴（方形導波管：電波を通過させる金属製の管）が接続されています。そのさらに先は金属板で

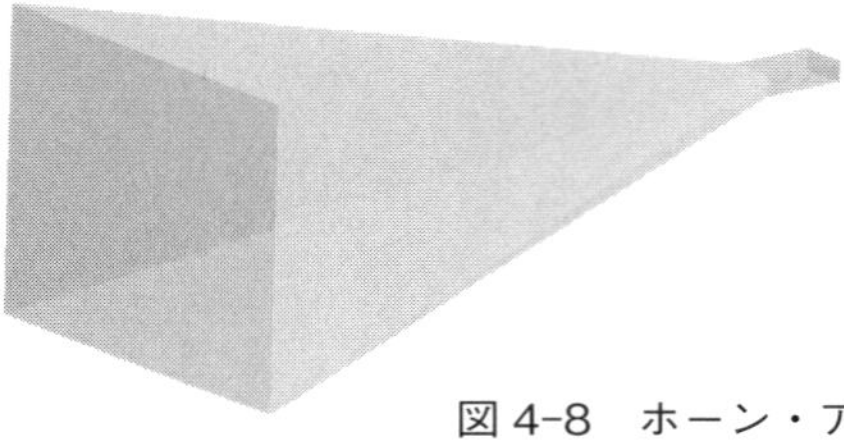

図 4-8　ホーン・アンテナの構造

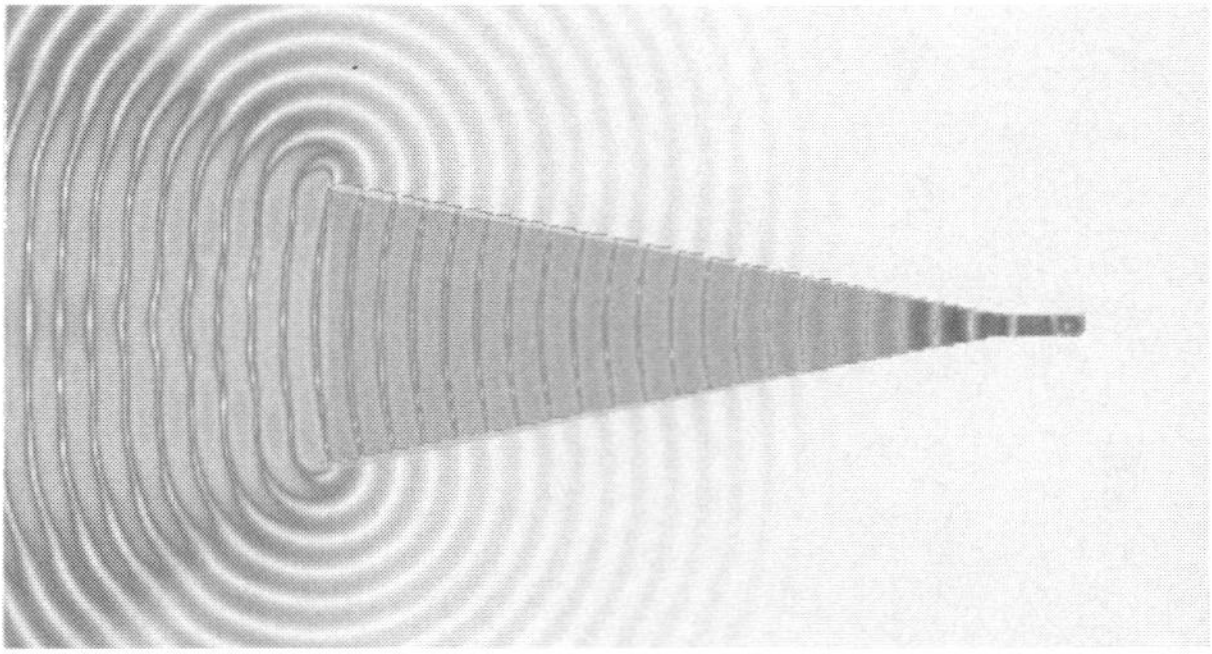

図 4-9　ホーン・アンテナの電界強度分布

ふさがれており、内部にモノポール・アンテナがあります。アンテナから放射された電波は金属板の蓋によって反射されるので、直接進む電波とともに、すべての電波がホーンの口（図では左側）に向かって放射されます。

図4-9のCGは、このホーン・アンテナの中央断面の電界強度分布です。

方形導波管内の電界は、上下の導体壁に垂直に出入りし、ホーンの口（開口面）に向かって進むにつれて扇形に広がっていき、やがて空間に押し出されていく様子が見られます。

ホーン・アンテナのように、空間

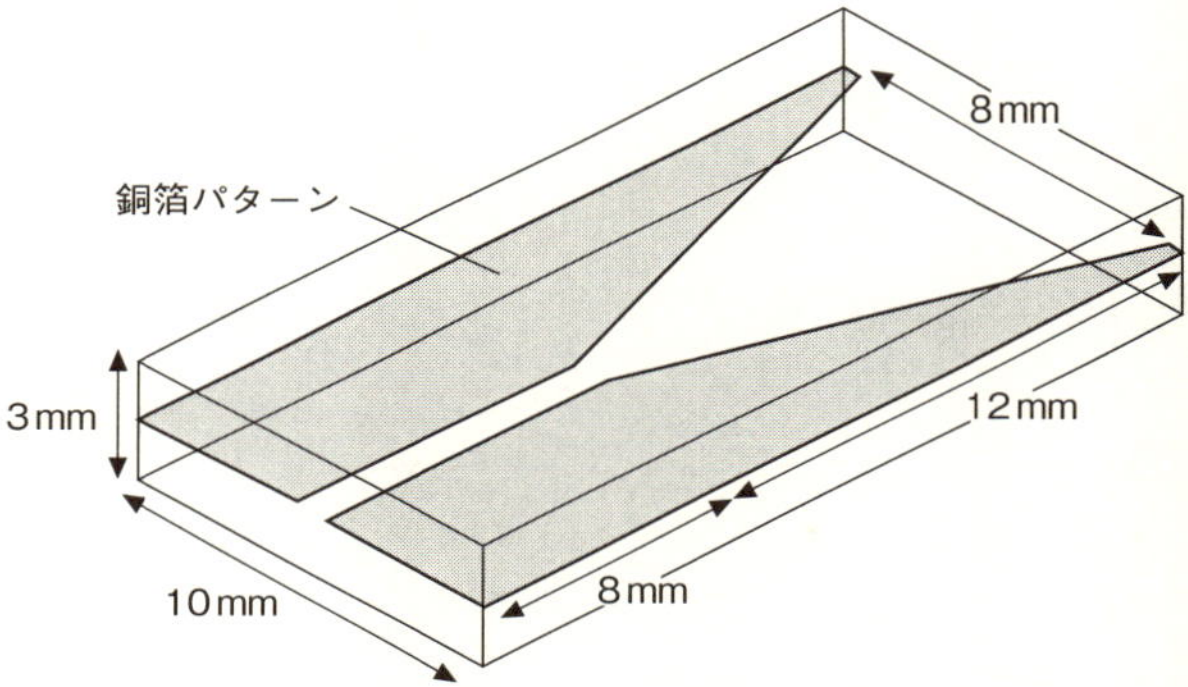
銅箔パターン
8mm
3mm
12mm
10mm
8mm

図 4-10　スロット線路の概念図

へ向けて口が開いた構造のアンテナを開口面アンテナ（aperture antenna）といいます。またパラボラ・アンテナや第2章のヘルツの金属凹面付き送波装置（83ページ写真2-9）なども開口面アンテナの仲間です。

テーパード・スロット・アンテナ

進行波型平面アンテナの一種にテーパード・スロット・アンテナ（TSA：Tapered Slot Antenna）があります。

たとえば図4-10は、ワイヤレスUSB（Universal Serial Bus：パソコンと周辺機器を結ぶデータ伝送路の規格の一つ）で使われている、プリント基板で作ったTSAの概念図で、中間層に銅箔でパターンがプリントされています。

基板の手前から狭くなっていく隙間（スロット）に電気を伝えるので、スロット線路とよばれています。テーパーとは、溝などが先細りになっている構造のことです。スロットに強く束縛されて伝搬する電磁エネルギーが、テーパー部分を伝搬するうちに、基板端からスロットの伸長方向（テーパーが広がる方向）へ電磁波が放射されます。

ＴＳＡの放射パターンはテーパーの形状によってコントロールできるため、さまざまなテーパー形状が報告されています。

ＴＳＡは特定の周波数だけ性能がよいダイポール・アンテナなどの共振型とは異なり、低い周波数から高い周波数まで、広い周波数の電波を送・受信できます。また誘電体基板上の導体のみで構成され、比較的簡単に製作できます。軽量、薄型で、かつ回路との集積化も容易です。

こうした長所をもつＴＳＡは、マイクロ波からミリ波の周波数帯まで通信用、計測用などさまざまな用途に利用されています。

ＴＳＡの電波特性

進行波を押し出すアンテナは、一般に波長の数倍の長さが必要です。しかし、それではアンテナが大きくなりすぎてしまいます。そこで、アンテナを誘電体でサンドイッチして、波長を短縮することで小型化したのが図４‐10のＴＳＡです。

比誘電率の大きな物質中では、電磁波の速度が比誘電率の平方根の逆数で遅くなります。そして波長もやはり比誘電率の平方根の逆数で短くなる性質があるので、それを利用するアイデアです。比誘電率とは、ある物質中の電束密度が、同じ電界の強さの真空中よりどれだけ増大したかを表す倍率です。

とくにテーパード・スロット・アンテナ（ＴＳＡ）は一般の基板で作る寸法の一〇分の一近くまで小型化されています。たとえばケータイやスマホに内蔵されている小型のＧＰＳアンテナは、比誘電率が一〇〇のセラミックスで包まれています（41ページ参照）。これにより、波長短縮率は一〇〇の平方根の逆数（一〇分の一）になっているのです。

もちろんＧＰＳアンテナは超広帯域アンテナではありませんが、セラミックスを使って小型化するというアイデアは同じです。

次ページ図４‐11ａは、図４‐10の構造を比誘電率九〇の誘電体にはさみ込んだＴＳＡの表面電流分布（一〇ギガヘルツ）を示すＣＧです。

一〇ギガヘルツの波長は三〇ミリメートルですが、基板内では波長短縮効果（比誘電率九〇の平方根の逆数）によって一〇分の一ほどになります。全長二〇ミリメートルのスロットの両縁に沿って進む、ぎざぎざした小刻みな波がよくわかるでしょう（スロットの左先端に見える矢印はy座標で、電流とは関係ありません）。

同図ｂはＴＳＡから放射される電磁波の電界分布を表しています（ただしａとは別のＴＳ

a ：電流分布

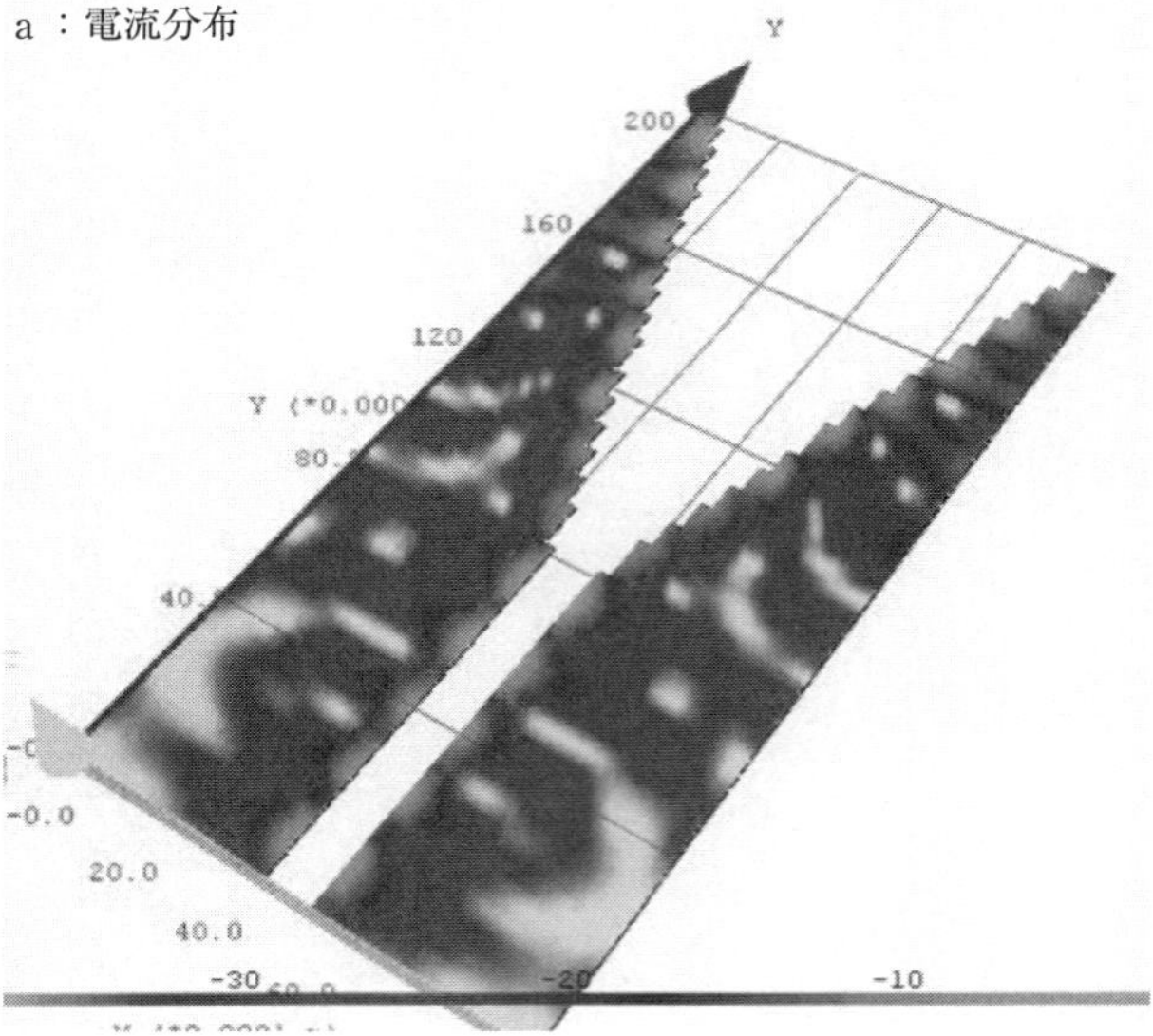

b ：電界分布

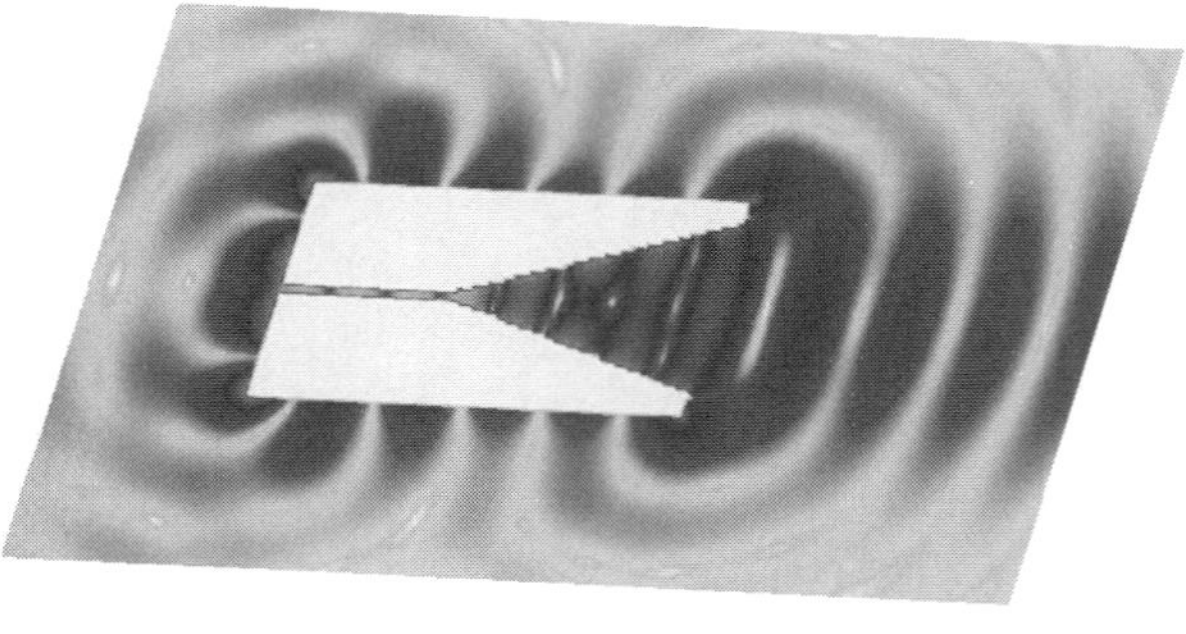

図 4-11　TSA の電流・電界分布

A)。電界（電気力線）は、スロットが開いていくにつれて扇形に広がり、先端部で空間へ押し出されます。その先には電界のループ（環）ができるので、新しく生まれるループに押されて、次々に空間へ旅立つのです。

超広帯域（ウルトラ・ワイドバンド）

ここで使った一〇ギガヘルツは、ウルトラ・ワイドバンド（UWB：Ultra Wide Band）とよばれる、三ギガ〜一〇ギガヘルツの超広帯域の周波数の上限です。

UWBはピーク出力を高くすると誘電体に対する貫通力に優れ、しかもパルスの幅が狭いので、分解精度にも優れます。

また一ナノ（一〇億分の一）秒程度のごく狭い幅の波（パルス波）をそのままアンテナに送るため、広い周波数帯に拡散して送・受信します（102ページ参照）。このように広い周波数帯にわたって送信される電波は、ノイズ程度の強さしかないので、同じ周波数帯を使う無線機器と混信することが少なく、消費電力も少ないという利点があります。

さらにUWBを利用した位置測定機能は、GPSよりも正確な測定が可能です。

そしてレーダー機能（174ページ参照）としてのUWBは、粉塵・高濃度ガス、強い逆光、高熱・高圧・極低圧環境などの劣悪な測定環境下でも、遠方まで数ミリメートルの解像度が保たれます。

こうした特性をもつＵＷＢは、もともと軍用のレーダー技術として開発されました。とくに障害物を貫く能力に優れていたため、地下探査用レーダーや壁透過検査装置への応用が試みられてきました。

たとえば地中に埋まっている金属を探す金属探知では、さまざまな寸法の埋蔵物に反応させるために、短波長から長波長までの電波を照射して、その反射波を受信する必要があります。そのため広い周波数の電波を送・受信できるテーパード・スロット・アンテナ（ＴＳＡ）が使われているのです。

建築物などの内部を探る非破壊検査や、空港などのセキュリティーチェックでもＴＳＡが活躍しています。

4-3 大地に根づく接地型アンテナ

写真 4-2　マルコーニ

写真 4-3　マルコーニの通信機

地球の大胆な利用法

同じ共振型でも、ヘルツ・ダイポールは、71ページ写真2-8で見たように、もともと机の上（空中）に置かれていて、地面には接していない「非接地型」です。これに対して、ヘルツの実験を追試して通信距離を伸ばそうとしたマルコーニ（一八七四〜一九三七年：写真4-2）は、エレメントの片側を大地に埋めて、地中を流れる電流を利用することを思いつきました。これが「接地型」アンテナの始まりです。

マルコーニは、早くから遠距離無線通信の実用化、さらには商業化を目指して実験に取り組んでいました。二一歳のときには、別荘の屋根裏部屋で初めて九メートルの距離での通信に成功しています。広い屋

写真4-4　マルコーニのアンテナ（レプリカ）

根裏でおどろきますね。

そして、通信距離をさらに伸ばそうと、次は広大な裏庭に移って実験を続けました。このとき使ったのはヘルツの火花放電式を改良した装置です（前ページ写真4・3：イタリアのボローニャ近郊、マルコーニ博物館の展示品）。

これは展示のため一方の金属板を壁に吊るし、他方を床に置いていますが、実際には金属板をできるだけ高くかかげ、他方は地面に置いて使っていました。

そして装置をだんだん大型化し、ついに高さ八メートルのアンテナで、約二四〇〇メートル先での受信に成功しています。写真4・4がそのアンテナを再現したレプリカです。吊り下げられているのは銅製の箱で、ヘルツのアンテナの片側の金属球に相当します。

マルコーニは、金属板や金属箱の寸法を大きくすると、電波は遠くまで届くことを実験で確認し、ヘルツのものよりずいぶん大きなものを使っています。またこれらの金属箱は容量体（キャパシタンス）で、大きくすると共振周波数が低く（波長が長く）なります。マルコーニは、波長が長いほうが大地を伝わりやすいことにも気づいていたようです。

あくまでも遠距離通信を目指したマルコーニは、アンテナの容量体をどんどん大きく、また波長を長くするために高く設置して、ついには反対側の容量体に地球を使ってしまうという大胆な発想に至りました。

こうしてアンテナの端は大地に接地され、これと空間に張り出したアンテナとの間に電気を加えることで、遠距離の無線通信が実現したのです。このように、大地にアースしている方式のアンテナを接地型とよんでいます。

接地型アンテナの原理は、150ページで述べたモノポール・アンテナのグラウンドを、文字通りアース（地球／大地）にしたものです。接地することでエレメントの長さを四分の一波長に短くできます。

第1章で取り上げたアンテナでは、電波時計用の信号を送るＪＪＹのアンテナが接地型アンテナです。これはたいへんに高い、つまり長いアンテナです。

ただし使用している四〇キロヘルツの波長は七・五キロメートルにもなるので、波長の四分の一の長さで足りるモノポール・アンテナでも二〇〇〇メートルほども必要になってしまいます。

そこでＪＪＹのアンテナは、傘形に広がる電線を先端につけて長さを稼いでいますが、それでも

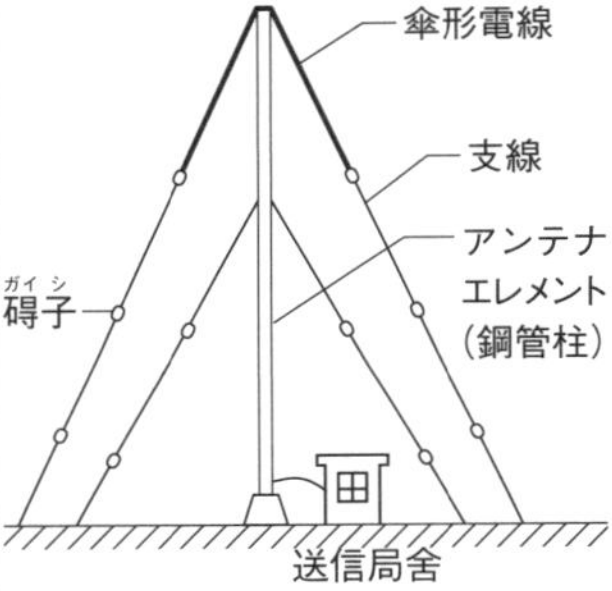

図4-12　JJYのアンテナ基部と送通信局舎

数百メートルにしかならないのでまだ足りません。これを補うため、アンテナの根元の送信局舎に大型の電気回路が設置されています（図4‐12）。

大西洋横断無線通信アンテナ

マルコーニは一九〇一年一二月一二日に、イギリス最南端のコンウォール半島のポルデュから火花放電式送信機で発信されたS（モールス信号で「・・・」）の連続信号を、大西洋をへだてて三四〇〇キロメートル離れたカナダのニューファンドランド島で受信することに成功しました。

発信された電波は八二〇キロヘルツで、波長は約三六六メートルになると推定されています。

このとき発信側のイギリスには、高さ六〇メートルの木の柱二〇基を、直径六〇メートルの円周上に建てて並べたアンテナを建設しました（写真4‐5a）。と

a：イギリス最南端に建てられた巨大な円形アンテナ

b：ハープ形アンテナ

c：カナダ側に用意された凧アンテナ

写真 4-5　大西洋横断通信のためのアンテナ

ところが、まもなく強風で倒壊してしまったのです。

そこで、急遽、高さ四五メートルの柱を二本だけ建て、その間に渡した支線から五五本の導線を下げました。上の支線では九〇センチメートルほどの間隔ですが、底辺ではすぼまるようにしたハープ形のアンテナです（同写真b）。

一方、マルコーニが待ち受けるカナダの受信側では、紙製の巨大な凧（同写真c）を揚げ、そこから一五〇メートルの電線を吊り下げてアンテナとしました。

マルコーニは、経験的に長波長の電波が遠くに届くことに気づいていました。そのために写真のような長大なアンテナを用意したのです。

4-4 電界型アンテナと磁界型アンテナ

磁界・電界を検出しやすい

第2章で述べたように、電磁波は電界と磁界が相伴って振動する形で伝搬していきます。そのうちの電界を発生させる／検出する「電界（検出）型」と、磁界を発生させる／検出する「磁界（検出）型」という分類もあります。

ただし、電界型、磁界型といっても、電界だけ、あるいは磁界だけを発生させる、または検出するわけではありません。マクスウェルは「電界の時間変化は磁界を、磁界の時間変化は電界を生み、両者は常に伴っている」ことを発見しました。つまり電界と磁界は常に伴っていて、どちらか一方だけということはないのです。電界型、磁界型というのは、電界を、より検出しやすい構造なのか、または磁界を、より検出しやすい構造なのかという違いなのです。

電界型は、電磁波のおもに電界を受信します。また送信では、エレメントのごく近くに強い電界成分を放射します。一方、磁界型ではおもに電磁波の磁界を受信し、強い磁界成分を放射します。そして電界型、磁界型ともに、アンテナから遠ざかるにつれて電界と磁界の比率は変化し、特定の距離からは両方の比率が一定になります。

電界型は二分の一波長の共振を検出するのが基本です。そのため長波長域を利用する場合は、エレメントが長くなりがちです。

これに対して磁界型は、波長に比べてきわめて小さい寸法に作ることが可能で、一般にエレメントの長さは波長の一〇分の一以下になります。たとえば最先端の電波時計やＲＦＩＤタグのコイル・アンテナは磁界（検出）型のアンテナです。使用する波長は電波時計が七・五キロメート

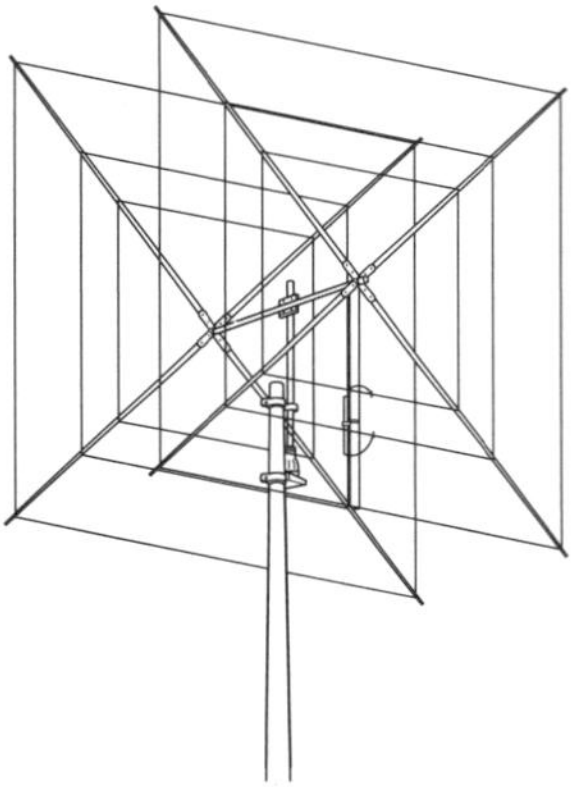

図 4-13　キュービカルクワッド・アンテナ（電界型）

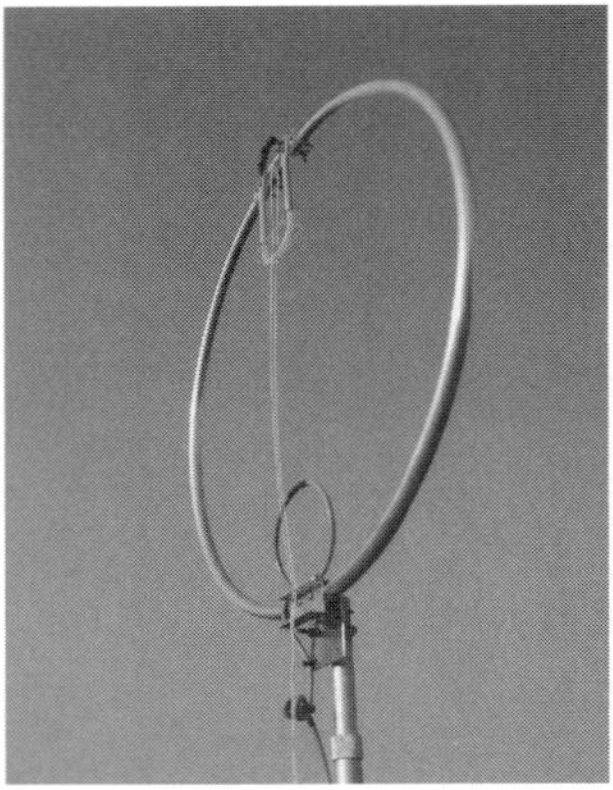

写真 4-6　ループ・アンテナ（磁界型）

ル、ＲＦＩＤタグが二二メートルときわめて長いのですが、受信側では何回も巻いたコイルに磁界が貫通することで微弱な信号をキャッチできます。

ループ・アンテナ

コイル・アンテナと同じ原理で、エレメントを環状（ループ）にしたループ・アンテナがあります（写真４‐６）。

これには、電界型と磁界型があります。

電界型は一波長（l）の長さの導線を一回巻きしたアンテナで、ループの半径は$\frac{l}{2\pi}$になります。

一方、エレメントの全長が波長に比べて十分に短い場合は磁界型になります。こちらは導線を何回か（一回の場合もある）巻いたアンテナです。

原理としては同じですが、一回巻きのものをとくに「微小ループ」ということもあります。

また当然のことながら、電界型と磁界型とではアンテナのループ面に対する指向性が九〇度ずれています。

電界型ループ・アンテナの基本的な構造は、長さが一波長の円形、または正方形などの導線(エレメント)の両端に給電するタイプです。導線に定常波を生じさせることにより、電場を形成する共振型の仲間です。

写真 4-7　ループ YAGI アンテナ

短波から極超短波まで、遠距離通信や衛星通信などによく使われています。理論上は円形がもっとも効率がよいのですが、設置を容易にするため三角形(デルタ・ループ)や四角形(クワッド・ループ)のものが多く用いられています。

また大型で円形にするのがむずかしい場合は、円の代わりに正方形とした輻射器、導波器、反射器から構成されて立方体のような形状をした、キュービカルクワッド(CQ：Cubical Quad)というアンテナもあります。これはX形の骨組みに導線が張られた、特徴的な外見をしています(図4-13)。

YAGIアンテナのように、全長が一波長より少し短いループからなる導波器、全長が一波長より少し長いループからなる反射器を取り付けると、指向性が鋭くなり、利得が向上します。ループYAGIアンテナとよばれています（前ページ写真4‐7）。

方向探知機の仕組み

磁界型ループ・アンテナは、遠方から到達する電磁波の方向の検出（方向探知）に使われています。168ページの写真4‐6のようなループ・アンテナで、電波の来る方向を検知する仕組みを見てみましょう。

図4‐14に示すように、遠方からの電波がループ・アンテナの面に沿って到達しているときは、電波による磁束（磁力線の束）はループに直交しています。この磁界（磁束）は電波と同じ周波数で方向と大きさが変化しており、これがループを通り抜けるとき誘導起電力が生じます。

また、この起電力はループに交わる磁束の単位時間中の変化（時間についての微分）に比例するので、電波の電界（または磁界）とアンテナの起電力は、図4‐15のように九〇度の差（位相差）を生じます。

今、図4‐14の状態からアンテナを回転させていくと、ループに交わる磁束が減少していきます。電波の飛来方向に対してループ面と成す角度がθのとき、磁束は$\cos\theta$に比例し、θが九〇度のときには起電力がゼロになります。この様子を表したのが図4‐16aです。また同図bの8

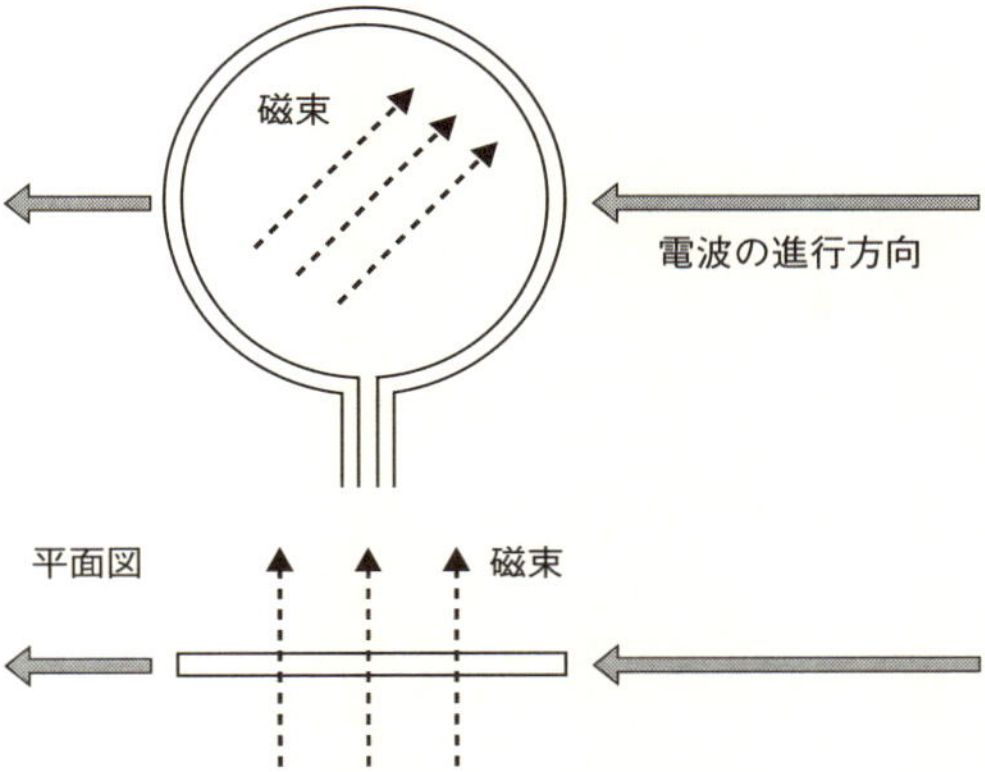

図 4-14　ループ・アンテナの磁束ベクトル

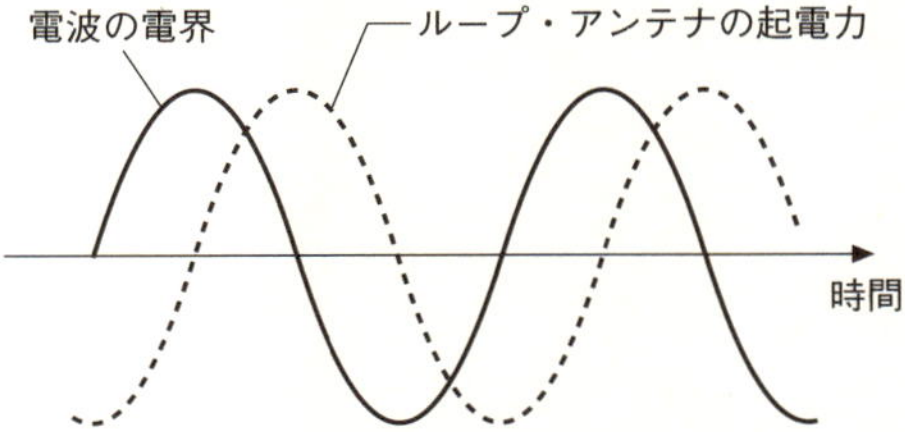

図 4-15　電波の電界とアンテナの起電力

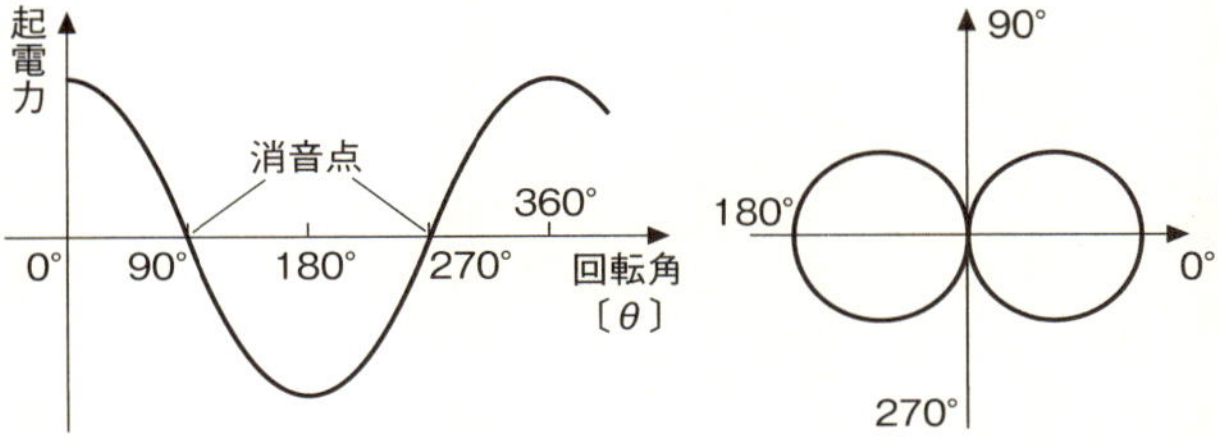

a：飛来方向と起電力の強さ　　　b：電波の飛来方向と強さ

図 4-16　電波の飛来方向とアンテナの起電力

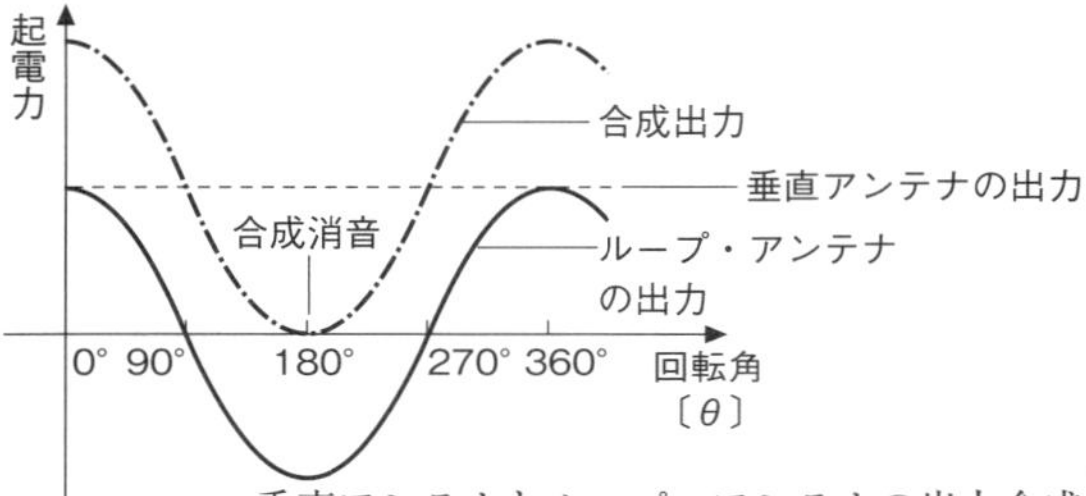

a：垂直アンテナとループ・アンテナの出力合成

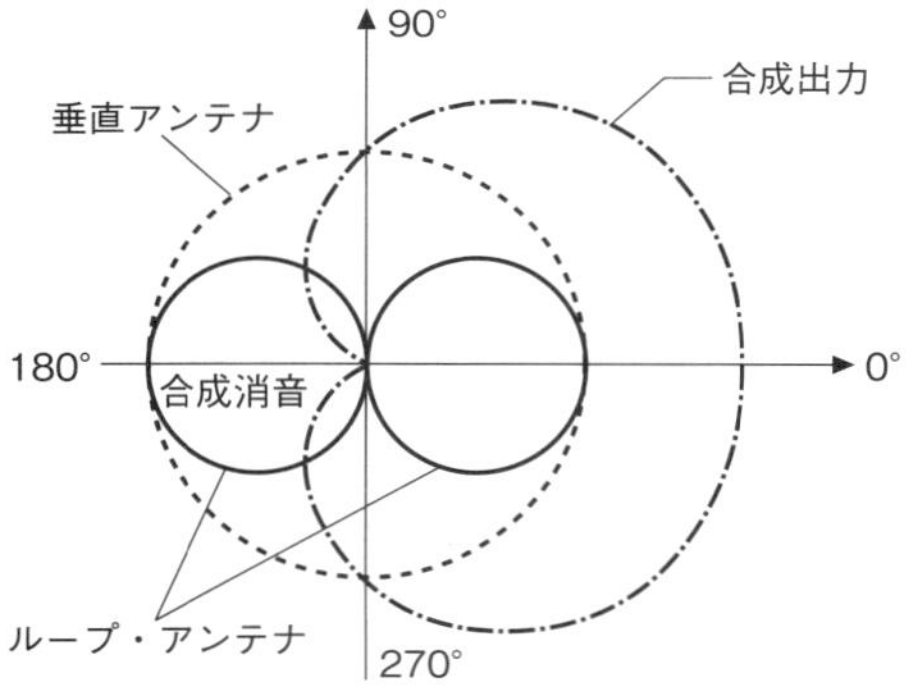

b：図 a の極座標表示

図 4-17　消音点の特定方法

の字形の特性は、飛来方向による電波の強さの変化を表しています。

　ここで起電力ゼロの方向（θが九〇度と二七〇度）を消音点といいます。ただしゼロの方向が二つあるので、どちらから電波が飛来しているのかを特定できません。

　そこで、消音点を一つにする仕組みとして、垂直アンテナと組み合わせる方法があります。ダイポール・アンテナを垂直に設置した垂直アンテナの出力とルー

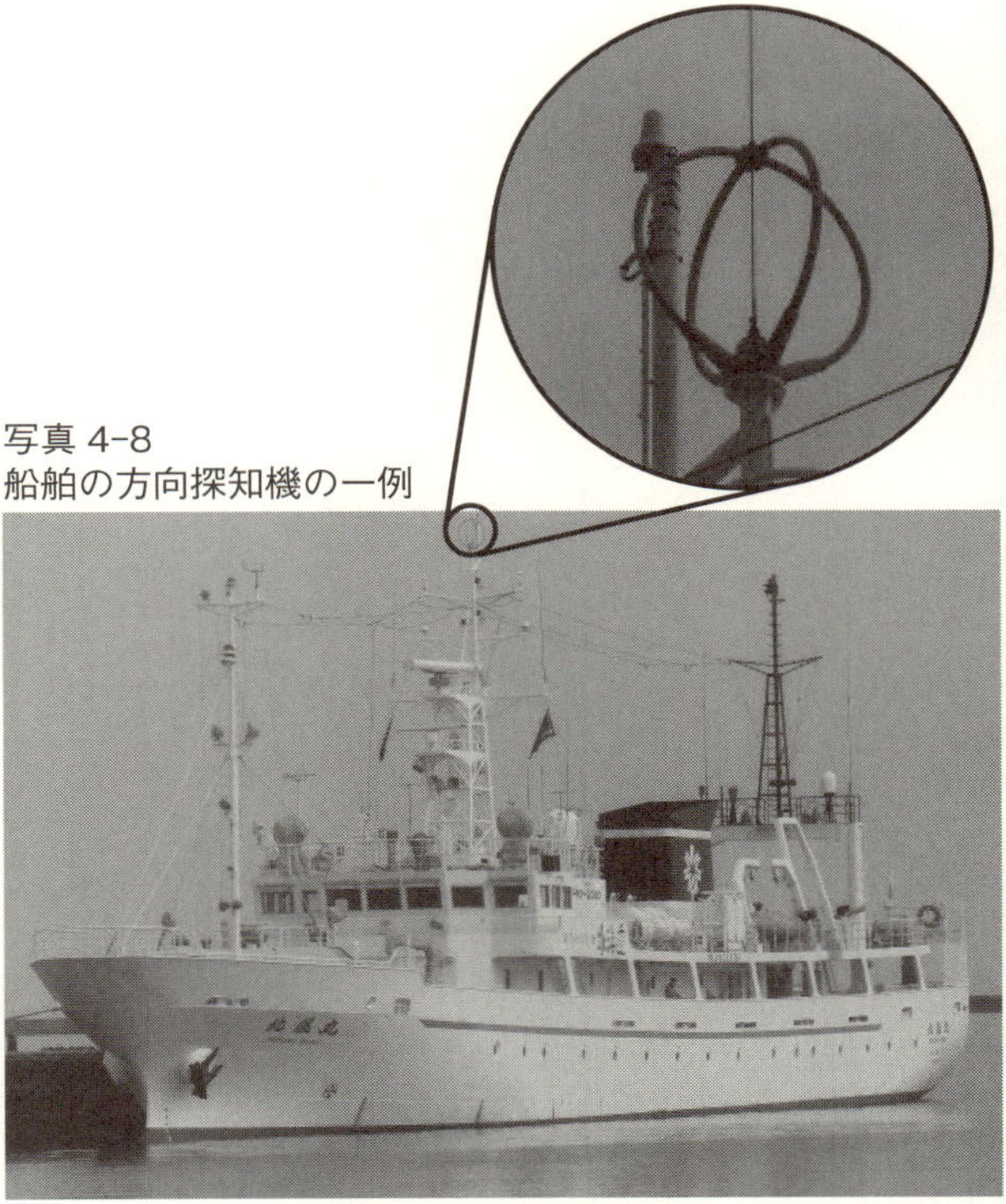

写真 4-8
船舶の方向探知機の一例

プ・アンテナの出力を合成するのです。

すなわち、垂直アンテナの起電力の位相は電波の位相と同じですが、ループの出力とは九〇度の位相差になります。そこで位相変換器に通して同位相にしてから両信号を合成すると、図4・17aに示すように合成消音点が得られます。

これを極座標で示すと同図bになります。合成出力には一方向にだけ（図では一八〇度方向で……の凹んだ位置）信号が弱い点がありますが、これが電波の飛来方向です。

　ただし船舶で時々見られる方向探知用ループ・アンテナは、二つのループを直角に組み合わせたものが多く、これは直交ループ・アンテナとよばれています（前ページ写真４‐８）。

　直交したループの出力を、同じく直交した二個の固定コイルに伝えます。固定コイルの内部にある可動コイルを回転させることによって、アンテナを回転させるのと同じ効果が得られます。

ここまで述べたように、単ループではアンテナ自体を回転させる必要がありますが、直交ループ・アンテナならループを回転させる必要がなく、装置を簡便なものにできます。

4-5 レーダー・アンテナ

こだまの原理

　ここまで紹介してきたアンテナは、主に放送や通信に用いられるものでした。第1章で紹介したＥＴＣやＩＣカード、ＲＦＩＤで使われるアンテナも、データのやりとりをするという意味では通信アンテナです。しかしアンテナにはレーダー・アンテナという、もう一つ大きな分野があります。

レーダー（radar：radio detecting and ranging）は、電波を発信し、たとえば船や航空機、島や山、ビルなどの建造物など電波を反射するもの（物標）にあたった反射波を同じアンテナで受信することで、物標までの方位（detection）や距離（range）を知る装置です。ちょうどヤッホーと叫ぶとヤッホーと返ってくる「こだま」を聞き取るような感じです。

レーダーではアンテナから直進性が高く（指向性の鋭い）、波長が短い電波をある方向へ放射します。その方向に物標があれば、電波の一部はそれらにあたり、反射してアンテナまでもどってきます。

このとき、電波を放射してから反射波がもどるまでの時間を電波の速度で割れば、電波が往復した距離になります。さらに、アンテナを少しずつ動かして電波を発射し、反射波が返ってこなくなった、そのときのアンテナの回転角と物標までの距離から、物標のおおよその大きさを推定できます。

レーダーの電波

レーダーのアンテナが電波を送信・受信する基本的な仕組みは、通信・放送用と違いはありません。ただし使用する電波や操作方法には少し違いがあります。電波は光領域（高い周波数）に近づくほど直進性がきわだってくるので、反射波の方向をより正確に知ることができます。そこでレーダーでは、比較的高い周波数の電波を利用していて、一般には一〇〇メガ〜四〇ギガヘルツ（波長〇・〇〇七五〜三メートル）の帯域が使われています。高い周波数の電波は、物標の形や大きさを知るにも有利です。デジタル写真は画素数が多い、すなわち画素が小さいほど鮮明に写るのと同じような理屈です。

レーダーでは電波を小刻みに発射します。このような信号をパルス波（矩形波）といいます。パルス波を用いるのは、物標までの距離をより正確に測るためであり、また一つのアンテナで送信と受信の動作を交互に切り替えるためです（図4-18）。パルスの幅や繰り返し周期は探知したい距離によって決まります。

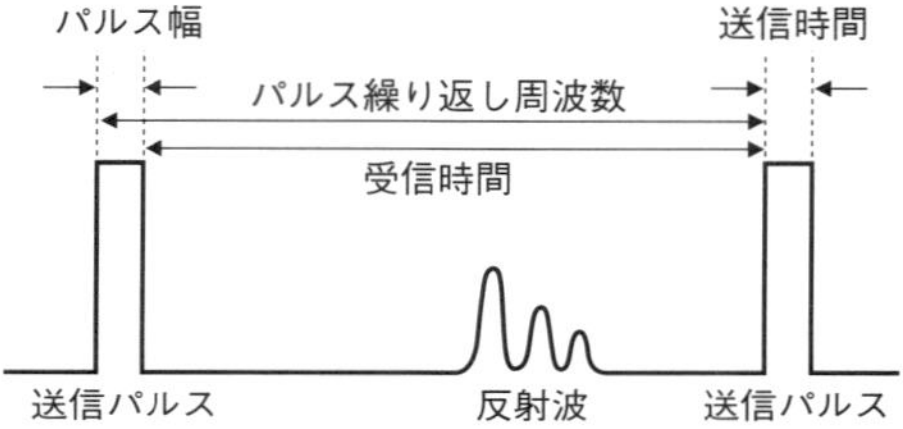

図4-18　レーダーのパルス波

レーダーから発射される電波は地表を伝わっていきますが、ごくわずかに湾曲伝搬する性質があります。この伝搬特性は大気の密度によって少し変わりますが、通常の伝搬では光学的見通し距離に比べて、六パーセントほど長くなるとされています。

そのレーダー見通し距離D（マイル）は、アンテナの設置高さH_1（メートル）と物標の高さH_2（メートル）から$D \fallingdotseq 2.2\left(\sqrt{H_1}+\sqrt{H_2}\right)$になります。

たとえばアンテナの高さが一六メートルで、物標の高さが九メートルだとすれば、レーダー見通し距離は一五・四マイル（約二五キロメートル）になります。したがってレーダーでは、アンテナを高い位置に設置することが探知距離をのばすことになり、物標が高いほど遠くから「見る」ことができることになります。

またアンテナが受け取る反射波の周波数は、物標が遠ざかっていく場合には低くなり、近づいてくる場合には高くなります。このような現象をドップラー効果といい、それを観測するドップラー・レーダーがあります。

ドップラー・レーダーによって発信した電波の周波数と、受信した電波の周波数の変化を測定すると、物標がどれくらいの速度で遠ざかっているのか、あるいは近づいているのかを知ることができます。また一台のドップラー・レーダーでは、どれくらいの速度で遠ざかっているのか、あるいは近づいているのかしかわかりませんが、複数のレーダーで同時に観測すれば、移動の方向も知ることができます。

このドップラー・レーダーで、たとえば雲の中の降水粒子の移動速度を観測すると、雲内部の風の挙動がわかりますから、天気予報や竜巻の監視システムに使われています。

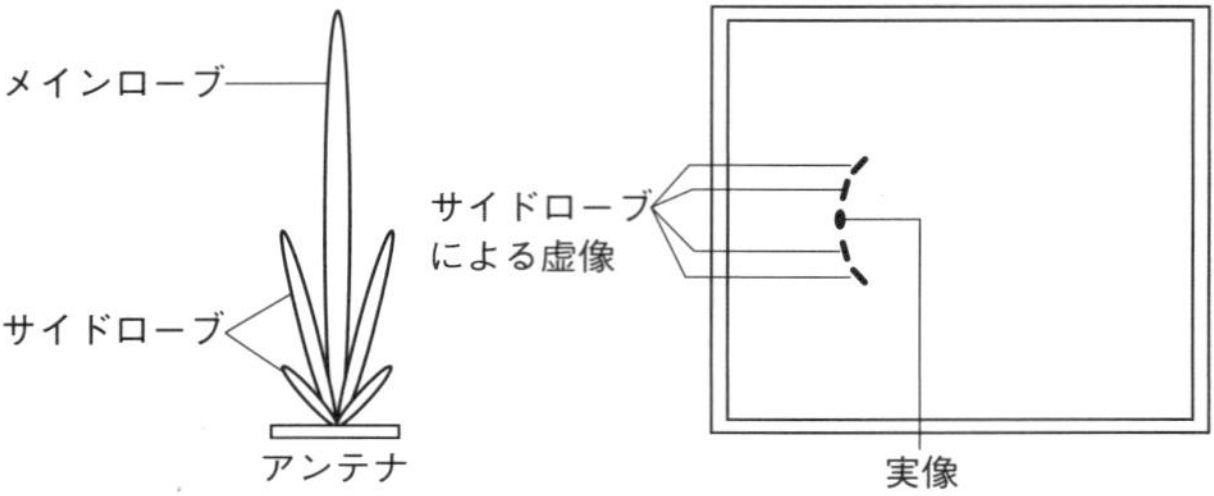

図4-19　サイドローブと虚像

やっかいなサイドローブ

ただしレーダーには未だ完全には解決されていない問題があります。

特定の方向にだけ電波を送りたいときには、パラボラやホーンなどで電波の方向を絞り込みます。ところがどんなに絞り込んでも、目的の方向以外にも電波は漏れてしまいます。

図4・19の左はレーダー・アンテナの指向性の一例です。中央にもっとも鋭いメインローブ、その脇に小さい複数のサイドローブが出ています。場合によっては、このサイドローブによって表示器に同図右のような虚像を映し出すことがあります。

サイドローブは、本来、まったくないほうが誤認することがなくなり理想です。しかし技術的にはむずかしく、現在もこれを減らすための研究が続けられています。

船舶用レーダーのアンテナ

写真 4-9　船舶用レーダー・アンテナと表示装置

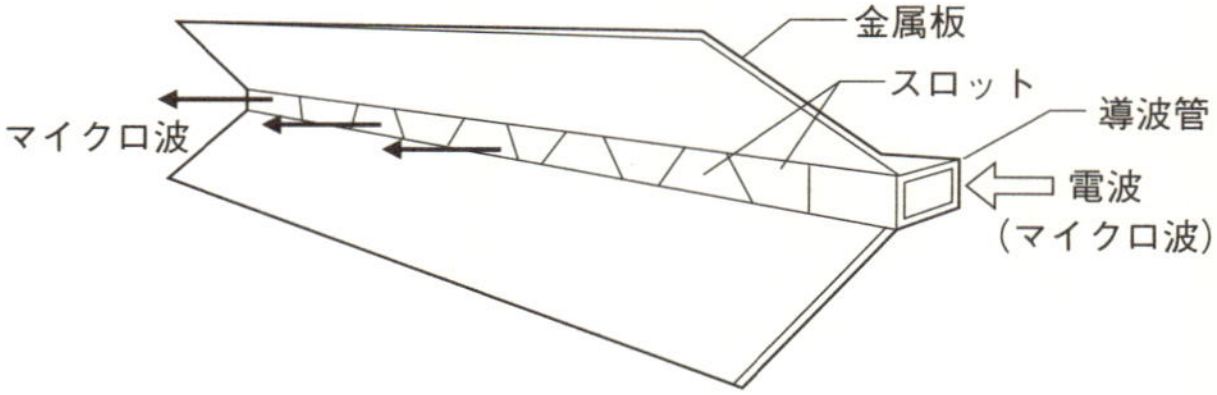

図 4-20　スロット・アンテナ

写真4‐9は、小型船舶用レーダーのアンテナと表示画面の一例です。

ここで使われているレーダー・アンテナはスロット・アンテナといいます（図4‐20）。

送・受信部で作られたマイクロ波は導波管を伝ってアンテナまで送り込まれ、アンテナ内部の導波管前面にある切り込み（スロット）部分から発射されます。

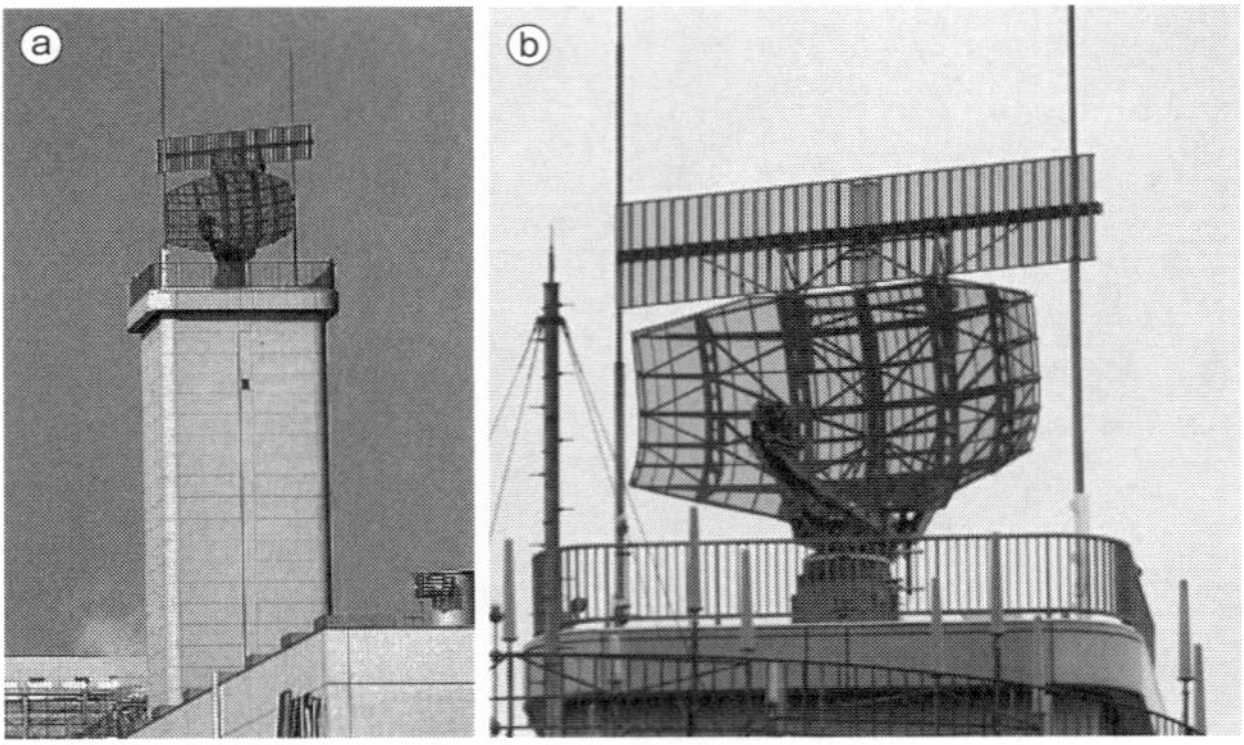

写真4-10　空港監視レーダー

スロットの位置は半波長間隔で、それぞれ傾斜しており、その角度はすべて微妙に異なっています。これらのスロットから発射された電波が空中で合成されることにより、細く絞り込まれた電波が送信される仕組みです。

一般にスロットの数が多いほど指向性が高くなります。つまり長いアンテナにするほうがスロット数も多くなり、より優れた指向性と細い電波が発信されるという特徴があります。

航空管制レーダー

航空機の飛行状況を監視する航空管制レーダーはさまざまあって、たとえば航空路監視レーダー（ARSR：Air Route Surveillance Radar）や空港監視レーダー（ASR：Airport Surveillance Radar）があります。

ＡＲＳＲは、航空管制官が航空路（air route）を飛行中の航空機を誘導したり、航空機同士の間隔を設定したりする航空路管制業務のために使っているレーダーです。陸上では半径約三七〇キロメートル、海上では半径約四六〇キロメートルの空域をカバーしています。

ＡＳＲは、空港での出発・進入機の誘導や航空機同士の間隔を設定などの、空港でのレーダー管制業務のために使用するレーダーです。毎分一五〜一八回転して、空港から約一一〇キロメートル以内の空域にある航空機の位置などを探知しています。

ＡＲＳＲは山頂など高所に設置されていますが、ＡＳＲは各地の飛行場で目にする機会もあるのではないでしょうか（写真４‐10ａ）。

アンテナは網のような送受器が二段になっています（同写真ｂ）。下段のアンテナは一次レーダーといい、航空機からの反射波を捉えています。上段は二次レーダーといって、反射波だけでなく、航空機が自動的に発する応答信号も捉えて、各航空機をより精密に管制しています。

フェーズド・アレイ・レーダー

一般に広範囲の監視に使われるので、アンテナには向きを変える機構を備えています。たとえば空港のＡＳＲも毎分一五回転して、全天を監視しているということです。しかしアンテナ自体を機械的に動かすので、装置が大がかりになるし、監視にも時間がかかります。

艦橋構造物の四周に装備して全方位をカバーしている。

写真 4-11　護衛艦のフェーズド・アレイ・レーダー

この欠点を補うために開発されたのがフェーズド・アレイ・レーダー(phased array radar)です。アレイとは「整然と並んだ隊列」を意味します。

このレーダーの外観は一枚の平板ですが、中には小さなアンテナが整然と並んでいます。アンテナ本体は動かさず、それぞれの電波の放射方向(位相：phase)を電子的に変化させ、それらの波を合成することで、全体の放射方向を瞬時に変化させる仕組みです。

アンテナを機械的に回転させるのではなく、ビーム方向を瞬間的に変化させることができるため、高速で飛ぶ航空機やミサイルなどの監視によく用いられています。

たとえば写真4-11は、海上自衛隊の護衛艦「みょうこう」に装備されているフェーズド・アレイ・レーダーです。

最新の気象レーダー

フェーズド・アレイ・レーダーは、より身近なところでも活躍しています。たとえば天気予報で雨雲の消長を見せてくれる気象レーダーはすっかりおなじみになっていますね。

気象観測には波長三センチメートル前後の帯域（八ギガ〜一二ギガヘルツ）や、波長約八・五ミリメートルの極超短波（ミリ波）などが使われています。この波長は雲に含まれる水滴や氷の粒で反射され、発達中の積乱雲の形を観測することができるのです。

ただし短時間で雲の下から上まで調べる必要があります。また雲の大きさを正確に知るには、放射する電波の指向性はできる限り鋭くなければなりません。

これまでの気象レーダーはパラボラ・アンテナ

写真4-12　気象観測用フェーズド・アレイ・レーダー

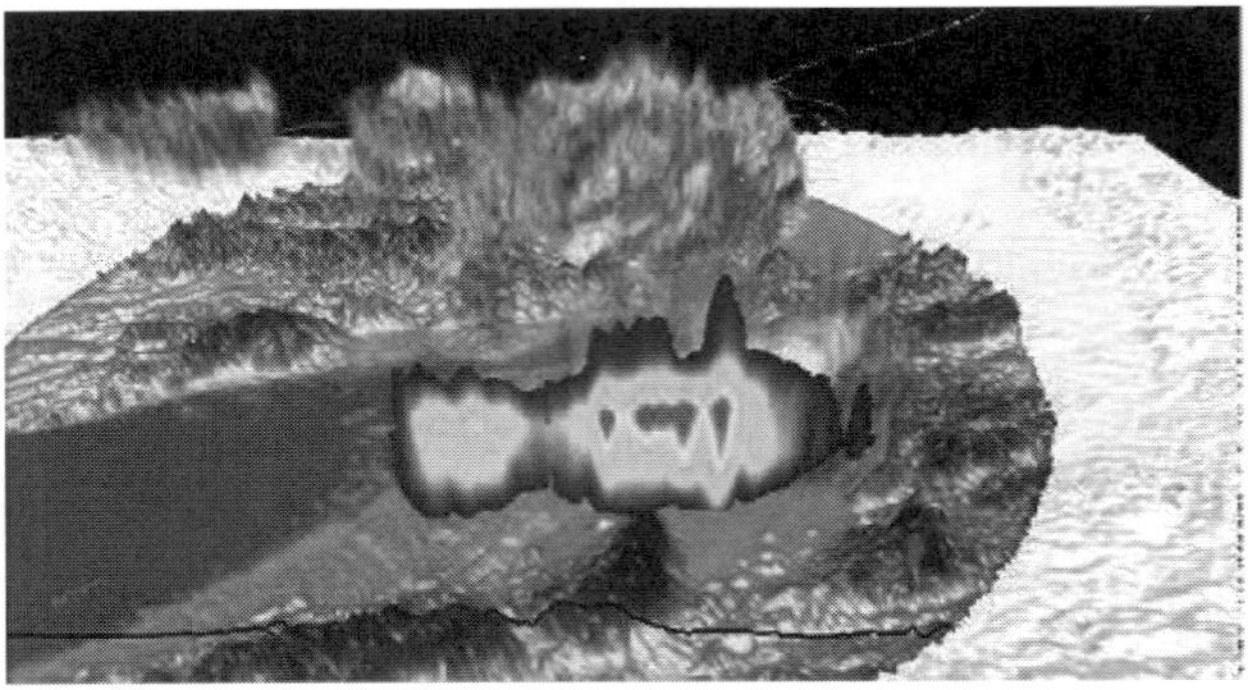

大阪湾上空の降雨状況の三次元カラー表示。南部（画面手前）は雨雲の鉛直断面で、中心に激しい降雨のあることがわかる。

図 4-21　フェーズド・アレイ・レーダーによる観測画面

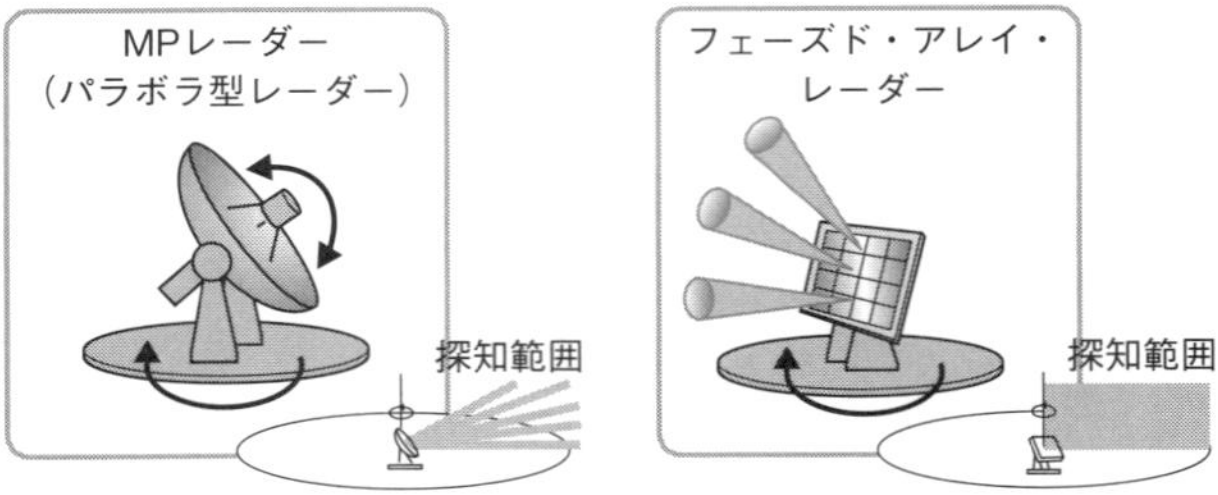

MPレーダー（パラボラ型レーダー）		フェーズド・アレイ・レーダー
仰角：機械走査 方位角：機械走査	走査方法	仰角：電子走査 方位角：機械走査
3次元スキャン（約15仰角） ／5分程度（地上は1分周期で観測）	観測空間 ／観測時間	3次元スキャン（約100仰角） ／10秒～30秒程度
60 km	観測範囲	60 km
反射強度（降雨強度）、 ドップラー速度、速度幅、偏波 パラメータ（Zdr、Kdp、ρhvなど）	観測パラメータ	反射強度（降雨強度）、 ドップラー速度、速度幅

表 4-2　パラボラ式とフェーズド・アレイ式

型で、観測には仰角を変えながらパラボラを十数回転させる必要があります。このため地上付近の降雨分布観測には一〜五分、降水の観測には五分以上も必要になります。

そこで、フェーズド・アレイ・気象レーダーが開発されました（183ページ写真4・12）。

これは長さ約二メートルのスロット・アンテナ一二八本が横並びになっていて、仰角方向（最大一一二度仰角）に電子走査をおこないます。これにより左右方向にはアンテナを一回転させるだけで、半径一五〜六〇キロメートル、高度一四キロメートルまでの範囲の、隙間のない詳細な三次元降水分布が観測できます（図4・21）。観測時間も一〇〜三〇秒しかかかりません。

従来のパラボラを機械的に動かして観測するのと比較して、格段に広く、早く、きめ細かく観測できることが分かります（表4・2）。

ミリ波レーダーで追突防止

最近、自動車の衝突予防システムが注目されています。走行中の前方に障害物があると、減速・停止を警告し、従わない場合は自動的にブレーキがかかるシステムです。

このシステムの要である前方障害物の検知には次の三つの方式があります。

もっとも簡便で廉価なのがステレオカメラ方式。ステレオカメラの原理で障害物の遠近を判断するもので、歩行者や自転車なども検知でき、比較的幅広い状況で使えます。

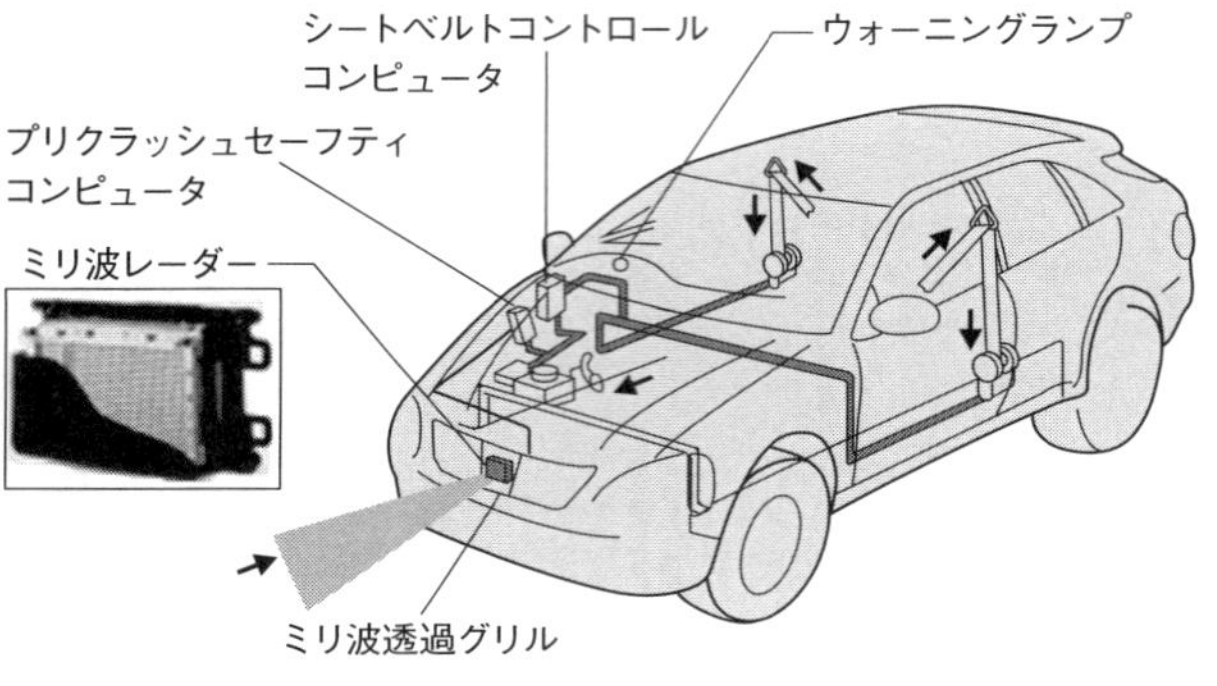
シートベルトコントロール
コンピュータ
ウォーニングランプ
プリクラッシュセーフティ
コンピュータ
ミリ波レーダー
ミリ波透過グリル

図 4-22　自動車の衝突予防システム

もう一つはレーザー・レーダー方式。レーダーと同じ仕組みですが、電波よりも直進性に優れたレーザー光を使っています。ただし機能や構造は簡便で、時速三〇キロメートル以下の低速時にのみ使用できます。レーザー光は雨粒に吸収されてしまうので、大雨時には作動が妨げられる恐れがあります。

そして三つめがミリ波レーダー方式。走行速度にかかわらず使え、悪天候にも強いが、価格は高めです。

たとえばトヨタのプリウスでは、ミリ波レーダー方式を採用しています。これは七六ギガヘルツの電波帯で直線的に増減する電波を発射し、受信電波の周波数の違いで距離と相対速度を検出するＦＭ－ＣＷ（Frequency Modulated-Continuous Wave）方式が使われています。この方式は構造が簡単で、距離と相対速度が一度に計測でき、相対速度がゼロでも計測可能という長所があります。

レーダーには複数個のパッチ・アンテナ（37ページ参照）を組み合わせた、小型で高利得の平面型アンテナが使われています。また方位の検知には、フェーズド・アレイ・レーダーと同じく電子的なスキャンを用いています（図4-22）。

さくいん

＜さ行＞

＜た行＞

QSL カード　87
Q 符号　87
phase　182
phased array radar　182
reactance　121
resistance　121
RFID タグ　48
sector　30
YAGI アンテナ
　15, 17, 132, 146, 147
YAGI aerial array　136
YAGI-UDA antenna　132

＜欧文略語＞

AM：Amplitude Modulation　103
ARSR：Air Route Surveillance Radar　180
ASR：Airport Surveillance Radar　180
BS：Broadcasting Satellite　17
CQ：Cubical Quad　169
CS：Communications Satellite　17
EAS：Electronic Article Surveillance　50
ETC：Electronic Toll Collection System　36
FM：Frequency Modulation　104
FM-CW：Frequency-Modulated Continuous Wave　186
GPS：Global Positioning System　35, 41
JAXA：Japan Aerospace Exploration Agency　21
LAN：Local Area Network　30
MIMO：Multiple Input Multiple Output　32
NICT：National Institute of Information and Communications Technology　43
PHS：Personal Handyphone System　26
radar：radio detecting and ranging　175
RFID：Radio Frequency Identification　48
SWR：Standing Wave Ratio　122
TSA：Tapered Slot Antenna　155, 160
USB：Universal Serial Bus　155
UWB：Ultra Wide Band　159

参考文献

John D. Kraus: ANTENNAS Second Edition, McGRAW-HILL, 1988
Hiroaki Kogure, Yoshie Kogure, and James C. Rautio: Introduction to Antenna Analysis Using EM Simulators, Artech House, 2011
Hiroaki Kogure, Yoshie Kogure, and James C. Rautio: Introduction to RF Design Using EM Simulators, Artech House, 2011
バルクハウゼン，中島 茂訳，『振動學入門』，コロナ社，1935
遠藤敬二監修，『ハムのアンテナ技術』，日本放送出版協会，1970
虫明康人，『アンテナ・電波伝搬』，コロナ社，1961
関根慶太郎，『アマチュア無線 楽しみ方の再発見』，オーム社，1972
岡本次雄，『アマチュアのアンテナ設計』，CQ出版社，1974
カルツェフ，早川光雄・金田一真澄訳，『マクスウェルの生涯』，東京図書，1976
160メータハンドブック，CQ出版社，1976
徳丸 仁，『電波技術への招待』，講談社ブルーバックス，1978
飯島 進，『アマチュアの八木アンテナ』，CQ出版社，1978
電子通信学会（現・電子情報通信学会）編，アンテナ工学ハンドブック，オーム社，1980
宇田新太郎，『新版 無線工学Ｉ 伝送編』，丸善，1964
阿部英太郎，『物理工学実験11 マイクロ波技術』，東京大学出版会，1979
G. R. Jessop，関根慶太郎 訳，『RSGB VHF UHF MANUAL』，CQ出版社，1985
後藤尚久，『アンテナの科学』，講談社ブルーバックス，1987
山下栄吉，『電磁波工学入門』，産業図書，1980
小暮裕明，『特集 キャパシタンス・インダクタンス装荷アンテナの理論と設計』，HAM Journal No.57，pp.35-68，CQ出版社，1988
松尾博志，『電子立国日本を育てた男』，文藝春秋，1992

小暮裕明,『コンパクト・マグネチック・ループ・アンテナのすべて』, HAM Journal No.93, pp.49-72, CQ出版社, 1994
小暮裕明ほか,『3章 短縮アンテナの設計』, 別冊CQ ham radio バーチカル・アンテナ, pp.91-130, CQ出版社, 1994
スティーヴ・パーカー, 鈴木 将訳,『世界を変えた科学者 マルコーニ』, 岩波書店, 1995
後藤尚久,『図説・アンテナ』, 社団法人電子情報通信学会, 1995
羽石 操, 平澤一紘, 鈴木康夫共著,『小形・平面アンテナ』, 社団法人電子情報通信学会, 1996
玉置晴朗,『八木アンテナを作ろう―電脳設計ソフト YSIMで作る八木アンテナ (CQハンドブック・シリーズ)』, CQ出版社, 1996
山崎岐男,『天才物理学者 ヘルツの生涯』, 考古堂書店, 1998
新井宏之,『新アンテナ工学』, 総合電子出版社, 1996
長岡半太郎,『長岡半太郎 原子力時代の曙』, 日本図書センター, 1999
藤本京平監修,『図解移動通信用アンテナシステム』, 総合電子出版社, 1996
西條敏美,『物理学史断章』, 恒星社厚生閣, 2001
キース・ゲッデス, 岩間尚義訳,『グリエルモ・マルコーニ』, 開発社, 2002
徳丸 仁,『電波のかたち』, 森北出版, 2003
佐藤源貞,『アンテナ物語』, 里文出版, 2009
関根慶太郎,『無線通信の基礎知識』, CQ出版社, 2012
小暮裕明,『絵で見るアンテナ入門』連載 第1回～第12回, CQ ham radio 2011年5月号～2012年4月号, CQ出版社
小暮裕明,『ハムのアンテナQ＆A』連載 第1回～第24回, CQ ham radio 2012年5月号～2014年4月号, CQ出版社

筆者らの主な単行本

小暮裕明,『コンパクト・アンテナブック (ダイナミック・ハムシリーズ)』, CQ出版社, 1988
小暮裕明ほか,『ワイヤー・アンテナ』, CQ出版社, 1993
小暮裕明, 松田幸雄, 玉置晴朗,『パソコンによるアンテナ設

計』，CQ出版社，1998
小暮裕明，『電磁界シミュレータで学ぶ 高周波の世界』，CQ出版社，1999
小暮裕明，『電磁界シミュレータで学ぶ ワイヤレスの世界』，CQ出版社，2001
小暮裕明，『電気が面白いほどわかる本』，新星出版社，2008
小暮裕明・小暮芳江，『すぐに役立つ電磁気学の基本』，誠文堂新光社，2008
小暮裕明・小暮芳江，『小型アンテナの設計と運用』，誠文堂新光社，2009
小暮裕明・小暮芳江，『電磁波ノイズ・トラブル対策』，誠文堂新光社，2010
小暮裕明・小暮芳江，『電磁界シミュレータで学ぶ アンテナ入門』，オーム社，2010
小暮裕明・小暮芳江，『［改訂］電磁界シミュレータで学ぶ 高周波の世界』，CQ出版社，2010
小暮裕明・小暮芳江，『すぐに使える 地デジ受信アンテナ』，CQ出版社，2010
小暮裕明，『はじめての人のための テスターがよくわかる本』，秀和システム，2011
小暮裕明・小暮芳江，『電波とアンテナが一番わかる』，技術評論社，2011
小暮裕明・小暮芳江，『ワイヤレスが一番わかる』，技術評論社，2012
小暮裕明・小暮芳江，『図解入門 よくわかる最新無線工学の基本と仕組み』，秀和システム，2012
小暮裕明・小暮芳江，『図解入門 よくわかる最新高周波技術の基本と仕組み』，秀和システム，2012
小暮裕明・小暮芳江，『コンパクト・アンテナの理論と実践［入門編］』，CQ出版社，2013
小暮裕明・小暮芳江，『コンパクト・アンテナの理論と実践［応用編］』，CQ出版社，2013

出典

図1-1（写真）　提供：マスプロ電工
図1-2／1-4／4-10／4-11／4-15／4-17　『コンパクト・アンテナ ブック』小暮裕明著　CQ出版社　1988年より
図1-5　提供：宇宙航空研究開発機構
図1-6／2-12／2-25／2-26　『電波とアンテナが一番わかる』小暮裕明・小暮芳江著　技術評論社　2011年より
図1-8　提供：旭硝子
図1-10／1-11　『電気が面白いほどわかる本』小暮裕明著　新星出版社　2008年より
図2-1　提供：切手の博物館
図2-11　http://ja.wikipedia.orgより
図2-13　http://www.funkerportal.deより
図2-14／3-6『電波技術への招待』徳丸 仁著　講談社ブルーバックス　1978年より
図2-15／4-2『アンテナの科学』後藤尚久著　講談社ブルーバックス　1987年より
図2-17／2-18／2-22／2-23／2-24／2-27／2-29／3-3／3-4／4-8／4-9／4-11　提供：Remocom・構造計画研究所
図2-28　『高校数学でわかるマクスウェル方程式』竹内 淳著　講談社ブルーバックス　2002年より
図2-32／2-34　『ワイヤレスが一番わかる』小暮裕明・小暮芳江著　技術評論社　2012年より
図4-12／4-21　提供：情報通信研究機構
図4-18　提供：古野電気
図4-22　提供：トヨタ自動車

写真1-2　提供：宇宙航空研究開発機構
写真1-3右　提供：電気興業株式会社
写真1-3左／2-2　http://ja.wikipedia.orgより
写真1-3中　http://plaza.rakuten.co.jp/osamu6669/diary/201206010000/より
写真1-4　提供：NTTドコモ
写真1-5　http://staygreen.sakura.ne.jp/phs/report/report3/

axgp2.htmlより
写真1-6　提供：パナソニック
写真1-7　提供：BUFFALO
写真1-8a　http://blogs.dion.ne.jp/moushi/archives/cat_325641-1.htmlより
写真1-8b　http://www31.ocn.ne.jp/~murai_hp/bodytext/ja1prw.html　より
写真1-10　提供：Remocom・構造計画研究所
図1-11（写真）／写真4-12　提供：情報通信研究機構
写真2-6　提供：Dr. James C. Rautio
写真3-7　http://www.innovantennas.com/despole-benefits.htmlより
写真3-10　提供：東北大学電気通信研究所
写真4-3／4-4『コンパクト・アンテナブック』小暮裕明著CQ出版社　1988年より
写真4-5a／c　『マルコーニ』O・E・ダンラップ著・森道雄訳誠文堂新光社　1941年より
写真4-5b　http://mds975.co.uk/Content/ukradio.htmlより
写真4-6　提供：Field_ant社
写真4-7　http://jooitadtv.web.fc2.com/hokkai/otaru_m/otaru_m.htmlより
写真4-8　http://minkara.carview.co.jp/userid/81063/blog/m201310より
写真4-9　提供：古野電気
写真4-10　提供：国土交通省
写真4-11　提供：海上自衛隊

N.D.C.547.53　197p　18cm

ブルーバックス　B-1871

アンテナの仕《し》組《く》み
なぜ地デジは魚の骨形でBSは皿形なのか

2014年6月20日　第1刷発行
2022年2月18日　第4刷発行

著者　小暮裕明《こぐれひろあき》
　　　小暮芳江《こぐれよしえ》
発行者　鈴木章一
発行所　株式会社講談社
　　　〒112-8001 東京都文京区音羽2-12-21
電話　出版　03-5395-3524
　　　販売　03-5395-4415
　　　業務　03-5395-3615
印刷所　（本文印刷）豊国印刷株式会社
　　　（カバー表紙印刷）信毎書籍印刷株式会社
本文データ制作　講談社デジタル製作
製本所　株式会社国宝社

定価はカバーに表示してあります。

ISBN978-4-06-257871-4

発刊のことば

科学をあなたのポケットに

二十世紀最大の特色は、それが科学時代であるということです。科学は日に日に進歩を続け、止まるところを知りません。ひと昔前の夢物語もどんどん現実化しており、今やわれわれの生活のすべてが、科学によってゆり動かされているといっても過言ではないでしょう。

そのような背景を考えれば、学者や学生はもちろん、産業人も、セールスマンも、ジャーナリストも、家庭の主婦も、みんなが科学を知らなければ、時代の流れに逆らうことになるでしょう。

ブルーバックス発刊の意義と必然性はそこにあります。このシリーズは、読む人に科学的に物を考える習慣と、科学的に物を見る目を養っていただくことを最大の目標にしています。そのためには、単に原理や法則の解説に終始するのではなくて、政治や経済など、社会科学や人文科学にも関連させて、広い視野から問題を追究していきます。科学はむずかしいという先入観を改める表現と構成、それも類書にないブルーバックスの特色であると信じます。

一九六三年九月　　野間省一